随 曲 合 方

莱芜红石公园改造设计
REDESIGN OF RED STONE PARK, LAIWU

王晓俊　著

中国建筑工业出版社

图书在版编目（CIP）数据

随曲合方　莱芜红石公园改造设计/王晓俊著.
北京：中国建筑工业出版社，2008
ISBN 978-7-112-10219-8

Ⅰ.随… Ⅱ.王… Ⅲ.公园 景观 园林设计 莱芜市
Ⅳ.TU986.625.23

中国版本图书馆CIP数据核字（2008）第105651号

责任编辑：吴宇江

责任设计：郑秋菊

责任校对：陈晶晶 刘 钰

随曲合方
——莱芜红石公园改造设计
REDESIGN OF RED STONE PARK, LAIWU

王晓俊　著

*

中国建筑工业出版社出版、发行（北京西郊百万庄）

各地新华书店、建筑书店经销

北京方嘉彩色印刷有限责任公司印刷

*

开本：965×1270毫米　横16　印张：13¾　字数：360千字
2012年8月第一版　　2012年8月第一次印刷
定价：128.00元
ISBN 978-7-112-10219-8
(17022)

公园是城市中的绿洲，是环境优美的城市公共自然游憩空间。随着时代的变迁，由于在功能布局、内容设置、设计理念、建设水平等方面的局限，一些城市老公园已难以满足当代城市发展与公园绿地游憩的要求而面临改造。本书以山东省莱芜市红石公园改造为例，探讨城市老公园改造的方法。全书分为两个部分：第1部分为公园的现状分析、改造的基本思路、空间结构与功能分区；第2部分是对公园南入口轴线、南湖东岸景观、公园西部景观、溪涧带景观等四大主要景区与景点改造设计的详细阐述。全书图文并茂，既有设计师的设计思考与感悟，同时又配有大量实拍园景照片与设计详图，展示红石公园改造设计之美。

本书可供广大园林设计师、风景园林及相关专业师生、园林绿化工作者、城市规划设计师等方面人员参考。

引　言

　　公园是城市中的绿洲，是环境优美的城市公共自然游憩空间。建设部2002年颁布的《城市绿地分类标准》CJJ/T 85—2002将公园定义为："向公众开放、以游憩为主要功能，兼具生态、休憩、健身和娱乐等作用的绿地。"尽管城市公园出现的历史并不长，但是其在为人们提供游览、休憩、保健和娱乐等活动空间和美化城市景观面貌、改善城市环境质量、提高城市防灾减灾功能等方面产生了十分深远的影响，有着不可替代的作用。其中，城市综合性公园因其规模大、建园时间长而更具有代表性和典型性，既是现代城市文明的重要载体，也是城市十分宝贵的绿色资产。

　　我国的城市公园最早可追溯到19世纪中叶英法等国殖民者在我国沿海开埠城市建造的"租界公园"[1]，其风格主要是英国自然式或法国规则式，以大片草坪、树林和花坛为特征。这些公园在功能、布局和风格上都反映了外来的特征，对我国早期的公园发展建设有一定的影响。一百多年以来，我国的公园从模仿当时欧洲公园风格到形成以自然山水、植物配置和园林建筑并重的特点，有了自己的风格。城市公园得到长足的发展，其类型与数量都有了明显增加，公园的内容和设施也不断得到充实和提高，成为城市居民开展户外游憩、健身、文化娱乐等活动的重要场所。特别是改革开放以来，随着我国社会经济条件的不断改善，城市环境建设受到重视。正是在这种条件下，传统模

---

[1] 我国最早的城市公园是1868年在上海公共租界建造的"公花园"（现黄浦公园）

式的城市公园面临着重大挑战，这种挑战来自内外两大方面问题。

（1）内在的建设问题。由于受计划经济模式与前苏联文化休息公园规划理论的影响，再加上当时公园建设指导思想局限性、园林绿化基础差、设计工作比较薄弱等情况，不少城市综合性公园呈现出功能布局雷同，内容相似，手法单一，建设粗放等问题，城市公园的发展受到很大程度的影响。随后，在市场经济冲击下，很多公园为了增加经济效益，不可避免地受到各种形式商业性经营的侵入，破坏了公园的景观风貌。由于缺乏有效的管理维护和及时的更新，不少综合性公园历经风雨沧桑，普遍存在设施陈旧、配套不完善、游赏和景观环境差等一系列问题，呈现出一种"综合性老化"的现象，与当前城市环境中人们对公园的需求不相适应。

（2）外在的环境问题。一方面，城市整体环境提升对公园提出新要求。另一方面，随着物质与精神生活质量的不断提高，城市居民需要有良好的、多元化的公共游憩环境，表现为内容的参与性、开放性、自然性、文化性与科技性。首先，城市综合性公园作为重要的闲暇活动与游憩场所，需要为市民提供各种活动功能与服务内容以及具有现代风貌的、多样化的公园游憩环境。其次，随着城市功能的日趋完善和人们生活水平的不断提高，传统模式采用的封闭式公园管理方式已经不能适应社会发展的需要。近年来，对城市公园公益性与开放性的要求体现在城市公园免费开放潮流与"拆墙透绿"政策的广泛实施。再次，城市整体环境质量的提升对城市公园建设质量提出了更高的要求。城市公园难以再守住那份矜持，而需要更好地与周边城市环境相融合，真正成为城市公共生活空间的延伸。

尽管许多综合性公园原有的内容已经无法满足新形势的要求，但是，那些建园年代较早的城市综合性公园，却又有着新建公园难以望其项背的深厚历史文化底蕴和良好的自然与人文资源基础，以及长期形成的独特街区意象和社会氛围。对待那些衰败的城市老公园，我们应该深刻地认识到它们既存在问题，又充满希冀。因此，在注重社会、政治、经济与生态多重目标相平衡发展的今天，如何通过调整改造，充分利用老公园资源优势以满足当代城市环境建设及人们游憩生活的需求，促使老公园自身潜在的社会、生态、经济价值得到充分的体现，这既是当今城市综合性公园建设亟待解决的问题，也是其走向内涵发展的重要途径。本书以山东省莱芜市红石公园改造为例，探讨城市综合性公园改造的方法。

目　录

引　言

第1部分　公园现状分析及改造思路

第2部分 公园景区与景点改造设计

第1部分 公园现状分析及改造思路

  无论是新建公园还是改造老公园，现场条件的认知与现状分析都是十分重要的工作，所不同的是对待老公园的现状通常需要考虑的方面会复杂得多。这种复杂性来自于场地本身所具有的公园绿地属性：在空间布局、设施内容安排、设计要素与手法的使用等诸多方面均体现了上一轮公园规划设计思想和公园建设方针。这种场地上的遗留物，无论是优秀的还是拙劣的，都是新一轮公园改造设计所要面对的，是必须进行甄别的"现状"。因此，包括公园现状资源的充分利用与空间结构的优化调整等景观延续是老公园改造所无法回避的问题。在改造设计时，既要为公园注入新的"血液"，更要充分恰当地利用好这些现状资源。在深入分析上一轮建设中存在问题的基础上，对公园进行合适的梳理、调整与完善，使老公园真正做到"旧貌换新颜"。

改造后的西主园路跨溪闸带景观

红石公园位于莱芜市市区中心，南起鲁中西大街，北至汶源西大街，东依公园路，西接长勺路，总面积约46万m²，是莱芜城区最大的市级综合性公园。红石公园内保存着较大面积的裸露红色岩石。这些岩石色彩鲜艳，表面纹理独特，俗称"红板岩"[1]。因其为红色的细中粒长石矿岩，故又名"红石"，红石公园也因此而得名。

红石公园最初的总体规划由山东农业大学王至诚教授领衔完成。公园规划布局合理，内容丰富，分为童乐寰宇、战地旗风、群芳荟萃、松鹤丹青、雪野天光、硕海芳涛、冶城古风、华夏腾飞八个景区。公园始建于1987年，1989年初具规模。虽然整个公园有比较完整的总体规划，但由于建设过程中执行不力，使得原有规划布局被打乱，大部分景区没有按照规划得到充分的建设。同时，限于当时的资金条件和建设理念，公园建设标准与水平较低。从整体上看，当今城市老公园中存在的园景封闭、布局不尽合理、内容单一、设施陈旧，建设粗放等问题在红石公园现状中都有不同程度的表现。

---

[1] 据考证，这些色彩艳斑驳的红石生成于距今一亿多年前的中生代侏罗纪。由于受当时地壳运动、气候干燥以及沉积的影响，所形成的岩石多为巨厚红色碎屑岩相，通称红层。后因燕山运动影响及风化剥蚀的作用，在莱芜境内的侏罗系红层仅残存于近东西向的莱芜八里沟向斜的槽部，现主要分布在莱城及其东南一带，其中红石公园内存留的红层岩相清晰，表面纹理独特，极具观赏价值。

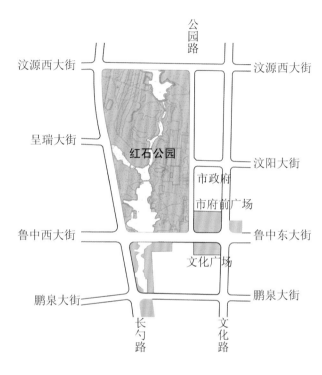

公园周边道路环境

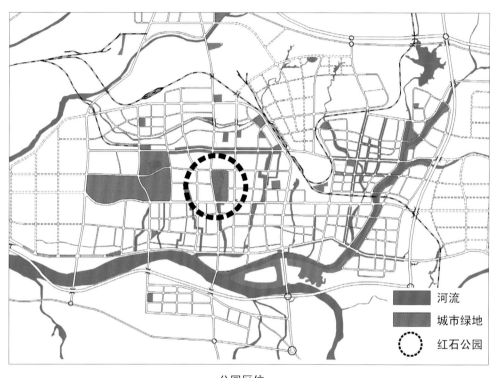

公园区位

河流

城市绿地

红石公园

　　随着莱芜城市的发展，为进一步改善城市公园环境面貌，增加公园的景点水平和文化内涵，为市民提供一处环境优美的公共休闲游憩空间，2004年莱芜市委市政府决定对红石公园进行改造，将其建设成融文化、娱乐、科普和休息活动为一体的开放性城市综合性公园。作为莱芜市国家级园林城市创建工作的重点项目之一，红石公园改造设计始于2004年10月，截至2007年10月，共完成了三期改造工程。2005年

一期工程建设了红石谷南北跌水瀑布、南门入口区、银杏广场等主要景点。2006年二期工程完成了南湖东岸景点建设、"烟雨轩"建筑环境改造、游泳池周边娱乐活动区建设工作。2007年三期工程结合长勺路改造，对南湖西岸及公园西北部景点进行了改造。四期工程尚在建设之中，没有收录在本书之中。改造之后的红石公园面貌焕然一新，成为莱芜城市独具特色的城市公园。

1-南入口（一号门）；
2-东入口（二号门）；
3-北入口（三号门）；
4-四号门；
5-五号门；
6-南湖；
7-荷花池；
8-北湖；

9-蓬莱岛及双亭；
10-烟雨轩；
11-鹿鸣岛；
12-夕照轩；
13-生肖广场；
14-入口大假山；
15-游戏区；
16-悬铃木树阵广场；

17-管理用房；
18-奇石馆；
19-苗圃；
20-裸露红板岩；
21-拦水坝；景阳关；
22-自然山林；
23-体育活动区；
24-门面房

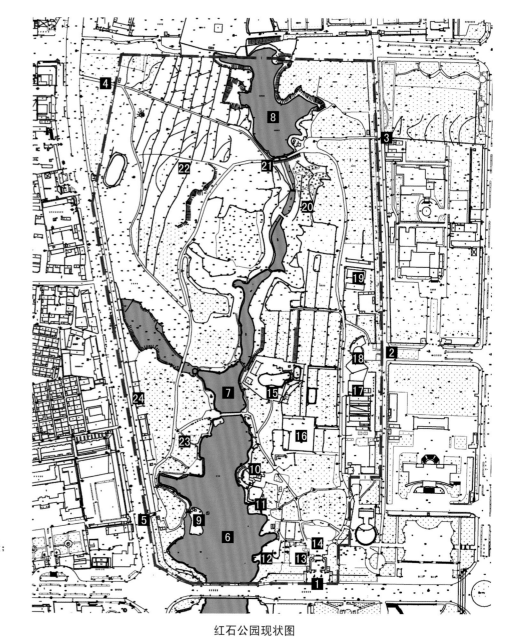

红石公园现状图

1 公园现状分析

作为城市中的大型公园，红石公园经过多年的建设已经拥有一定的设施基础，也具备了基本的游憩条件。公园中的地形、水体、植物等自然景观的现状条件良好，而人工设施基础比较薄弱。从总体上看，公园最大的问题在于景区空间缺乏组织，景点数量偏少，建设质量有待提升。下面从公园周边环境、自然条件、人工设施几方面进行分析。

1.1 公园周边环境

公园周边环境总体上不复杂，按四边方位分别叙述如下：

公园北面为规划的汶源西大街，红土沟从园北出园。北湖湖水除了汇集的雨水之外，还有一部分来自园外单位的生活污水。随着汶源西大街的配套市政工程建设，这一状况将有所改善。

公园西面为城市主干道长勺路，交通量较大。长勺路沿街西侧有众多商铺，街景有些杂乱，道路绿化不佳。公园西北角与长勺路之间现存一块较大的三角形街头绿地。公园沿长勺路一侧设有南北两个次入口（四号门与五号门）。

公园南面为城市主干道鲁中西大街，公园主入口南大门（一号门）与其相接。鲁中西大街的沿街道路绿化较好，西侧的行道树——合欢树，婆娑的树影为街景增色不少。在公园南入口两侧，西大街道路与公园之间有质量良好的绿化带。红土沟经公园南湖向南下穿鲁中大桥而过。大桥为双曲拱桥，对公园南湖湖面景色有一定影响。公园东南

公园周边广场

角与市政府前的市民广场相接，市民广场与文化广场隔街相望。

公园东面与城市支路——公园路相邻。公园路为园林式道路，浓荫蔽日，绿化条件良好。由于该路南端为城市广场，是尽端式道路，通常车流量很小。而且该路东侧南北两段分别为市政府大院和莱芜宾馆，因此公园东面是公园周边环境最为安静的部分。公园主入口东大门（二号门）位于公园路中段，正对汶阳大街。除了东主入口外，沿公园路还另设有北次入口（三号门）及公园管理处大门等一系列入口。

公园地形现状

1.2 公园自然条件

1.2.1 地形

公园地势总体上呈现出中间水系区低，东西两侧高；南部低，北面高，南北最大高差达10m。与相对平坦的东部相比，公园西北面地形起伏较大。公园现状地形是上一轮公园建设过程中逐步改造后形成的，将原先的人工台地整理成自然的缓坡地。由于有位于南北向的莱芜地区特殊地貌"红土沟"，公园中部地势较低，成为全园雨水汇集的地段。上一轮公园建设中结合地形高差，通过筑坝拦水形成南北两湖较大水面。东岸地势平缓，西岸有一定的山林之势。此外，公园中还有一些土层特别薄的地方，岩石已经裸露风化，形成红板岩露岩景观。最为密集的一片位于北湖大瀑布的东南面，形成颇为壮观的红石冈峦，是公园十分珍贵的自然景观资源，成为人们观赏红石的地方。

1.2.2 水体

水面在大型城市公园中通常是不可或缺的自然景观要素。红石公园现有水面面积6.6hm²，约占公园总面积的14%。园内有纵贯南北的带状水体：从公园最北面的北湖经过狭长的溪涧带，层层跌落进入南湖，水面逐渐开阔。水体从北到南由几部分不同形态的水面组成，依次为北湖（1.6hm²）、红石谷溪涧（1.0hm²）、荷花池（0.5hm²）、南湖（3.5hm²）。由于所处位置的周边城市景观及公园环境的不同，这些水面也形成了不同的景观特色。

1）北湖

北湖位于公园最北端，筑坝拦水而成。湖面面积较大，周边有山林相依，环境幽静。湖东岸岸坡有些地段过陡。湖面南端与红石谷相接部分存在较大地势高差，现状是毛石浆砌的护坡拦水坝，坝顶护栏设计成城墙墙垛，称为"锦阳关"景点。从现场来看，整齐的大面积毛石护坡显得生硬粗犷，与公园景观不太协调，而且其形式和色彩与近旁的红石岗峦也格格不入。

2）红石谷溪涧

红石谷是红石公园最具特色的自然景点。谷地中间由北向南蜿蜒的溪涧带分南北两段，大片的红石岗峦主要集中在北段的东岸，非常吸引游人的视线。溪涧带长度约400m，宽窄不一，最宽处约25m。溪水经过红石谷层层跌落后，向南汇入荷花池。

3）荷花池

荷花池北接红石谷溪涧，南侧与南湖相连，因满池的荷花而得名。荷花池面积约0.5hm^2，岸边湖石驳岸，周围环以垂柳。南湖与荷花池之间横卧着双龙桥，该桥建于20世纪90年代中期，桥拱起得偏高而桥孔偏小。虽然桥的形态不够轻巧，但却是园中登高观望湖景与赏荷的不错观景点。

4）南湖

南湖又称月波湖，位于公园最南端，湖面也由水坝拦水而成。坝

公园水体现状

体位于鲁中路西大街大桥北侧，紧临桥墩，丰水季节湖水可以向南溢流出园。南湖面积约3.5hm²，湖面形状很像一只葫芦，南北向长，岸线曲折丰富。南湖沿岸建设有一系列景点，包括公园主要服务建筑烟雨轩、休憩小建筑夕照轩（扇亭）、月到风来亭（双亭）等。南湖岸畔最具特色的植物景观非垂柳莫属了，煦日微风下的春柳风姿，真像唐人李商隐诗句"章台从掩映，郢路更参差。见说风流极，来当婀娜时"描绘的那样优美。作为公园重要的水域空间，南湖现状水岸不够亲切，湖岸空间没有得到充分与合理的利用，沿湖周围缺乏亲水空间和活动场地。

1.2.3 植被

公园从1987年建园开始，经过近20年的时间已经形成了良好的绿化基础。由落叶大乔木构成的公园植物景观框架已基本形成，尤其是成丛的高大杨树和沿湖的依依垂柳为公园增色不少。园中成片栽植的黄栌、山楂、石榴等乔木、灌木也颇具特色。总体而言，公园植物长势较佳，季相色彩丰富，景观效果良好，但是也存在如下一些问题。

1）公园规模大，植被分布不够均衡

整个公园南部树种多，树龄长，生长较好；西北部树种少，树龄相对较短，而且由于土层较薄，长势较差。总体上看，公园西部与北部的植被较自然，虽然树木并不高大，但是林下层却有多年生的花卉和一些野生的地被，给人山林野趣的感受；相比之下东部与南部大乔木

较多，有些地段植物层次丰富，例如南门入口大假山周边地段，植物多样性表现突出，已形成分层结构的复层植物群落，植物景观效果良好。东部与南部的植物群落总体上层次单一，有的只有上层树木，有的是大片的草坪与其上零星栽植的灌木。分析其原因主要来自两个方面：其一为公园红板岩地貌，局部地段的土层偏薄；其二为缺乏合理的种植设计引导。

2）植被结构方面存在常绿落叶比偏大、树种多样性不足等问题

按照全国植被地理区划，莱芜市属于暖温带落叶阔叶林地带。虽然从保持城市公园景观面貌角度考虑，需要配置一定的常绿植物，但是公园中的常绿树种偏多、落叶树种偏少（常绿落叶比1：2.45）。

公园植被现状

数量最多的乔木是华山松、侧柏、刺柏、蜀桧、龙柏、国槐、垂柳、白蜡、碧桃、火炬树等十几个树种，在植物多样性上还远远不够。另外，灌木与地被植物的种类与数量均偏少，除了大面积的草坪外，公园缺乏丰富的地被植物，尤其在公园南半部游人较多的地段，难以见到成片的木本地被与观赏性的宿根花卉。

3）植物配置上存在着较多的问题

其一，虽然常绿树种不少，但是由于常绿与落叶树种搭配不尽合理，造成公园冬季景观仍然十分萧条。其二，种植设计没能很好地将植物要素与公园水景、地形等要素相结合，造成公园植物景观零散、孤立。其三，植物配置的艺术性不高，一些成片点缀的灌木丛零散而缺少章法，一些乔木在大片草坪上显得过于孤立，缺乏层次。有些地段的种植犹如苗圃，而有些地段的树木栽种又过于茂密。

1.3 人工设施

公园现有的游憩与服务设施对于城市大型公园而言略显不足，经过多年使用都已经陈旧与损坏。因此，这一部分也是本轮公园改造的主要内容。

1.3.1 建筑

公园内建筑数量不多，主要与公园的游憩、管理、服务、生产相配套。公园的南大门，围绕月波湖的烟雨轩、夕照轩以及蓬岛上的双亭等20世纪80年代建的一批园林建筑风格统一，造型良好。除此之外，

一些服务性的小卖部、游乐设施售票间、泵房、水上世界戏水池更衣室、动物园等园林建筑在设计上都不够理想，甚至还有一些临时搭建的建筑，与公园景观很不相称。公园中园林小品匮乏，烟雨轩北面爬满紫藤的花架廊是公园中仅存的园林小品。除了公园南大门，其余的几处入口建筑较简陋、环境杂乱，需要重新收拾与调整。公园主要的展览、办公、生产建筑集中在东入口附近，包括奇石馆、公园管理处等。由于与公园东入口的冲突问题，奇石馆一组建筑需要进行调整。公园沿长勺路一侧建有部分对外服务经营性建筑，也属拆除之列。总体上看，公园的游憩建筑数量不足，服务建筑质量较差。

公园设施现状

1.3.2 园路与铺装

公园道路系统基本形成，但是部分园区的路段通达性与景点可达性不够好。园路本身主要存在两方面问题。其一为园路线形问题。例如有些园路线形生硬，没有与路侧的地形及植物景观有机结合；有些路段道路线形过于呆板平直，犹如城市干道一样笔直。其二为园路面层问题。园内大部分的园路现状情况不佳，有些园路路面缺乏必要的质感变化和点缀，同时不少路段年久失修，路面质量也较差。

除了南入口（一号门）、东入口（二号门）和烟雨轩东侧有成片的硬质铺地外，公园内小广场与成片的硬质铺装地面偏少，也缺乏供小型文艺演出用的露天小舞台，难以满足户外公共活动的需要。园内仅有的几块小铺装地的现状条件也都不能令人满意，例如南入口旁的生肖广场、碰碰车场旁的悬铃木树阵广场、南湖西岸晨练小广场等。这些硬质铺装场地缺乏合适的设计，附属休憩设施简陋，铺地用的彩色混凝土人行道板翻浆严重，地面凹凸不平。

公园设施现状

1.3.3 其他设施

1) 园桥

公园内有几座园桥，其中"锦阳关"拦水坝、跨火炬树红叶沟的平桥是车行桥，双龙桥、蓬岛小虹桥等为步行桥。从公园硬质景观建设的角度看，这些园桥造型欠佳，施工上似嫌粗糙。

2) 驳岸

公园水岸的形式有人工驳岸与自然岸坡两种。北湖主要为自然岸坡。红石谷溪涧北半部用混凝土仿木排桩护岸，南半部以灰白色湖石点缀；荷花池采用湖石驳岸，总体都保持较好，也比较自然。南湖沿岸还保留了一些自然水岸，但是有些地段岸坡过陡，存在坍塌现象，部分岸坡较陡地段采用了石砌驳岸。南湖东岸的硬质驳岸用浆砌石块砌筑而成，显得单调生硬；相比之下，西岸的石砌驳岸在形式上与水面的关系上较为适宜。

3) 游乐设施

公园南部设置了一些游乐设施，包括疯狂老鼠、碰碰车场、水上娱乐场、旱冰场、转盘飞机等。主要问题是这些游乐设施布设得太分散，有些设施影响到其他景点环境。

4) 小型设施

公园不少路段缺乏路灯，广场也没有足够的照明。园内其他小型设施也明显不足，例如公园休息凳椅、指示牌、垃圾箱等。

1.4 主要问题分析

1）公园空间结构不够清晰

尽管公园按不同的主题进行景区规划，但是从整体空间来看，由于公园各景区的景观营造主题不明确，景点与游览线路缺乏精心组织，从而使得公园空间零散，难以感受到引人入胜的景观空间节奏。例如视线应该通透的地方被一些杂木遮挡住，临水开阔观景的地方却没有很好的亲水空间，一些游戏设施也没有经过合理的组织，总体给人凌乱的感受。因此，调整公园空间结构成为本轮改造的重要工作之一。

2）公园游览路线安排不尽合理

第一，公园道路在空间引导与组织上较弱，也缺乏系统性，例如主次园路过于平直，缺乏必要的迂回，与景点空间的衔接生硬。第二，公园南半部的东西两侧因南湖相隔而连接不畅，主园路通过双龙桥再行连接显得并不合适。一方面，游人从南入口进入公园，必须进入公园近1/3的纵深空间后才能通过双龙桥到达公园西岸，这就很容易造成南湖西岸景点的利用率偏低。另一方面，双龙桥是一座并不宽敞的带踏步的步行拱桥，成为主园路的交通"瓶颈"，节假日游人量大时易造成荷花池周边人群的聚集滞留。第三，园路分布不均匀，等级不分明，公园南部的道路较密而北部过稀。

3）公园缺乏特色空间的营建

在几次勘察现场的过程中发现，公园中实际上不乏有些潜质的环境，只是没有挖掘。例如除了红石谷，从北到南的水带并没有得到充分的利用。一方面在北方城市公园中水面是不可多得的造景资源；另一方面红石公园水系的形态本身又很有特点，两岸植被也十分茂盛。如果能很好地营造环境，不仅可以为公园创造水景空间，还可以为城市中心区环境提供一个很好的滨水景观。一座大型城市公园需要有不同个性或特色的空间才能组成丰富的公园景观。

4）公园景点建设缺乏精品意识

公园给人的整体感受是景点平淡，在地形、水体、植物、建筑几个要素整体考虑基础上形成的具有鲜明个性的公园空间很少。例如位于南湖重要空间位置的烟雨轩，尽管整组建筑在造型与体量上不错，但是其环境与庭院就考虑不足，而且施工粗放，影响到烟雨轩整个景点的质量。公园景观质量的提高离不开对景点品质的追求。

红石公园现状较为传统，没有现代城市公园的气息。对于城市中心的大型公园而言，如果景色杂乱无章或是空间缺乏组织、荒芜零散，则不能与其地位相称，难以提供环境优美的游憩空间。从以上的问题分析我们可以看出，前两个问题的解决有利于公园整体空间结构的优化、功能的完善与游览空间的组织。后两个问题的解决有利于公园整体景观空间质量的提升。

从以上问题分析我们可以总结出红石公园的主要问题：公园现状景观较为传统，没有现代公园的感受；整个公园景观缺乏亮点，与现代城市景观面貌不相称。

2 公园改造基本思路

城市综合性公园的建设思想因不同时代的要求而变化。在城市文化娱乐设施匮乏的年代，公园成为重要的文化娱乐场所，许多景色优美的城市公园也因此变成了到处充斥着游乐设施的游乐场所。由于城市文化娱乐设施的不断完善和城市各种专类公园的出现，城市公园的功能开始了分化，而其中城市综合性公园的功能经历了从包罗万象到有所侧重，从重娱乐到重休憩，从封闭到开放的演变过程。自20世纪90年代以来，随着我国城市居民生活水平的提高，城市物质环境质量的改善和公园规划设计理念的转变，城市综合性公园的建设呈现出注重公园的户外游憩与休闲功能，重视公园景观设计理念以及建设水平与质量，倡导发挥公园的自然生态作用的发展趋势。21世纪的当代城市公园建设面临着新的挑战。

从本质上讲，公园建设的根本目的是为了改善和提高城市居民的物质和精神生活质量，只有通过人们的合理使用才能更好地发挥其作用。因此，公园改造应遵循"以人为本"的原则，围绕城市居民的"用"做好文章，将其视为城市公共生活空间的延伸。在公园改造中，营建丰富的休憩空间与优美的景观环境，布置各种休闲活动和体育活动设施，为生活在拥挤的城市人工环境中的人们提供一个自然宁静的放松环境和休憩健身场所。同时，公园作为城市中自然要素集中的场所，在生态环境、自然景致方面成为城市人工环境的一个平衡，因此，公园改造还应遵循"自然优先"的原则。这两条原则的合理应用是构建城市公园人与自然和谐共生的基础。

2.1 理顺公园与周边城市环境的关系

城市综合性公园因其规模大、内容多、环境关系复杂，在改造过程中容易受到方方面面的牵制，需要兼顾到公园与其所在地段城市景观环境的平衡。在充分研究公园及其周边城市格局和文脉特征的基础上，通过形成与城市肌理相对完整和统一的整体城市空间，使公园能自然地融入到城市环境之中。公园与周边城市环境融合关系的建立不仅可以提高城市公园的利用率，保证公园景观的开敞性，增加公园对城市环境景观的美化作用，而且还会深入影响到公园周边地段的城市社会经济状况。因此，从综合体现公园的功能合理性、空间艺术性方面考虑，改造应从更大范围、整体城市空间的层面上入手，调整公园边缘区的空间结构，理顺其与城市环境的关系。

2.1.1 向外的空间开放性

以往的城市公园建设强调的是公"园"，通常由园墙或自然山水要素环绕分隔成闭合空间，都不是真正意义上的开放性公园。公园作为城市公共空间资源没有得到充分的利用，与城市景观的交融渗透、市民的自由使用功能也相对远离。现代城市公园要成为真正的"公"园，开放与自由接近程度是一条重要的衡量标准。但是，大型公园因其规模大，各个部分受到它们所接触的城市不同地段环境的影响不尽相同。因此，针对周边环境关系的复杂性，兼顾到公园管理与开放两个相抵触因素，我们在红石公园改造中提出了"有选择"的局部开放策略。通过对公园及其周边城市环境的整体研究，最终选择位于公园

公园与城市的相互渗透

东南角的南入口区作为开放的突破口。

2.1.2 内外的空间渗透性

选定了开放的位置，就需要考虑公园与城市空间相互渗透的方式。南入口区作为一个重要的城市与公园渗透界面，一方面需要面向城市街景打开主要的景观面，承载更多的城市景观功能；另一方面需要考虑与地段周边的城市公共空间相衔接。由于公园南入口面向城市主要干道鲁中西大街，东面是市民广场与文化广场，西面为公园南湖，具有良好的城市公共空间整合条件。从这种整体环境考虑，我们希望城市空间能够向红石公园东南部延伸，形成一组城市"广场群"空间，

这种渗透方式能够较好地在公园与城市环境之间取得平衡。

2.1.3 形成新的空间界面

这一开放的城市与公园空间界面的特征集中体现在纵横两轴上：第一是纵轴——南北向的入口景观渗透空间；第二为横轴——东西向的亲水渗透空间。通过这两条轴线的纽带关系，公园自然环境与城市人工空间之间形成了深入的交融，打破了两者之间原有的生硬边界，为幽深静谧的公园和喧闹的街道广场形成一种连续的渐变过渡空间。另

外，我们希望对空间的这种处理能形成一种新的公园景观空间经历。

2.2 优化公园总体空间结构

公园优化工作体现在三个方面：总体空间结构的调整在于优化整体空间关系，理顺游览路线与交通在于保证公园游览，景观空间的裁剪与整合在于突出公园最具特色的空间景色。

2.2.1 总体空间结构的调整

景点创造和景区空间组织是公园游览的基础。由于公园整体框架的形成要比局部景区经营、景点建设的好坏更为重要，改造中需要重视公园功能与空间的整体性要求。因此，公园改造首先需要结合新的公园发展要求对其内部空间进行总体层面的整合，以达到优化公园整体空间结构的目的，包括新的游憩内容的增添、服务功能的完善、游览线路的安排、景观视线与空间的组织。这种整体性要求一方面能兼顾到公园中现状景观与新增内容之间的平衡，使公园新老景观形成一个协调统一的有机整体；另一方面也能进一步调整与理顺公园景区、景点的空间结构关系。

2.2.2 游览路线与交通

公园道路系统的调整也是涉及游览线路与景观空间结构完善的一个重要方面。作为联系公园中各景区与景点的游览线，公园道路有通达性的要求、空间组织与引导的要求、园景观览的要求，因此其布局调整需要充分结合地形地貌、景区布局、景点分布、园务活动需要，合理组织与引导公园景观空间。

（1）为了满足园路通达性的要求，在这次改造中首先需要在公园南端跨南湖架设步行桥，以解决公园东西两岸的沟通问题。

（2）为了创造连续展开的公园景观空间或欣赏景物的透视线，改造中另一个重要工作是主园路的调整。从南入口沿西侧向北的主园路现状上直接通向双龙桥，改造时应将桥和路分开。主园路可向东偏移，穿过现有花架廊，从荷花池北端伸向西岸，新游线的南侧是双龙桥与荷花池，北侧是红石谷溪涧带。

（3）保持合理的道路用地比例，根据公园景区布局与游览特征，做到园路布局疏密有致，既要保证基本的游览通达要求，又要避免硬质化道路过多。

2.2.3 景观空间的裁剪与整合

公园现状空间总体上较为零散消极，需要通过景观空间的裁剪与整合形成一些积极空间。清代文人钱泳在《履园丛话》中说："造园如做诗文，必有起承转合"，公园空间营造也不例外，只是篇幅大小而已。公园景区与景点有动与静、开阔与封闭、外向与内向之分，在与各类游憩功能结合的基础上，利用各种组景手法创造丰富的公园景观空间层次，形成连续而又富于变化的公园空间序列是提供公园游览空间质量的一个重要方面。例如从南入口到烟雨轩这一重要空间就需要通过空间的起承转

南湖水域的现状自然环境

合处理，形成良好的景观游赏节奏以打破公园现有滨水空间的平淡。

2.3 充分利用公园现状并适度改造

城市公园的改造只是其生长过程中的一个阶段，它既有历史，又有未来。因此，对历史的尊重及对未来的谨慎都是公园改造应遵循的景观延续原则。在充分利用现状的基础上，对于影响空间布局、游览、使用等一些重要内容或地段的现状，需要采用深度改造的方式。这可能会涉及"伤筋动骨"的调整，而不只是整治"外伤"。因此，老公园改造既不能过分迁就现状，修修补补，更不应大拆大建，一切都推倒重来，这就是"充分利用、适度改造"的总体原则。下面分别从历史人文环境、人工设施、自然景物三方面进行阐述。

2.3.1 人文环境

从历史文脉方面看，城市综合性公园通常建园时间较长，保留有一定的文化遗存与历史风貌。因此，首先要考虑保护好公园内有历史价值的建筑物、遗址以及具有纪念意义的场地，改造中需做到"修旧如旧"；对于公园的特色文化及相关的人文资源，改造中应充分认识到其精神内涵的维护与相关文化的挖掘的重要性；公园原有的人文环境可以通过保持、延展或烘托来得以延续；尊重公园传统布局或空间格局与肌理，改造中应充分吸收其合理的成分和巧妙利用其业已成形的

保留的公园南入口大门建筑

景观。这种对公园历史与场地的尊重可以唤起人们强烈的地域认同感和对乡土文化的热爱。

2.3.2 人工设施

公园有价值的人工设施都应该保留，"利用"是第一位的，围绕"用"字做好"改"的文章。只要条件允许，这些现状人工设施可以通过就地改造设计，更充分地体现它们的价值或"变废为宝"。除此之外，在不影响总体布局或空间使用功能的条件下，就地利用可以不再占用新的公园自然绿地，有益于公园土地的保护。红石公园中很多设施都可以就地利用改造，如公园南大门、烟雨轩建筑质量或造型较好，可以悉数保留。当有些建筑或设施值得保留，但是位置需要调整时，可能还会涉及到异地利用的问题。例如南入口的湖石大假山、南湖东岸的夕照轩等。除了设施，人工场地的就地利用也是值得推崇的，如南入口环境、银杏广场等均利用的是原硬质铺装场地。

2.3.3 自然景物

老公园中最珍贵的是一些业已成形的自然要素。例如自然起伏的地形、成丛的树木、可资利用的湖河等，改造中必须加以保护。从场地脉络方面看，老公园与新公园最大的区别就在于公园本身不是一张白纸，已经是公园的用地性质。前期的建设，尤其在山水营造、植被栽种方面的积累，对于老公园来说是非常有利的。因此，公园的改造首先应保护好其中的自然环境资源，尊重现有场地的自然地形和植被。规划建设中应避免大动干戈，而需要因地制宜地结合好这些自然条件，创造各种公园景观，安排各种游憩休闲活动。

公园现状荷花景观

以公园植物景观为例，城市老公园中通常会留有不少长势旺、树龄长的乔灌木，甚至一些古树名木。在公园改造过程中，对待这些植物首先要采用"礼让"的策略。计成在《园冶》中早就说过："多年树木，碍筑檐垣；让一步可以立根，斫数桠不妨封顶。斯谓雕栋飞楹构易，荫槐挺玉成难。"其次，要具有"结合"的思想。对于那些长势好、姿态佳的乔灌木，特别是对于一些姿态优美或高大伟岸的乔木，应巧妙地糅合或结合到公园景点设计之中。这样的话，一来不烦人事之工，二来植物的景观效果立竿见影。这应该就是"旧园妙于翻造，自然古木繁花"的一个重要方面。再者，可应用"调整"的手法改善现状效果欠佳的植物景观。例如对于只有上层乔木的植物群落，可以增加中层小乔木和下层地被植物以丰富群落层次；对于密度过大、形态杂乱、配置混杂的植物群落，可以进行疏间调整。通过调整使公园植物景观在层次、轮廓、色彩、疏密和季相变化等方面得到改善，观赏性得到提升。

公园北部的红石冈峦

另外，公园改造中对大片植物群落进行科学合理的调整将有益于公园绿地生态效益的进一步发挥。

2.4 努力营建公园特色景观

公园建设要达到"园以景胜"的目的，创造公园景观特色就十分重要。在综观全园基础之上，辨明各景区的景色潜质或特点，在改造过程中要巧于利用自然环境和善于结合人文背景去强化这些特点，使景区有明确的主题，景点有鲜明的特色。面对规模很大的红石公园，我们在进行公园改造设计的时候，针对不同地段的特点应采取不同的改造策略，有的地方宜改造深入，有的地方却"着笔"非常少。公园特色的营造可以归纳为以下三种方式。

2.4.1 保持

公园中现存的一些具有鲜明特色的风景条件或资源应该用着笔最少最自然的方式加以保持。计成在《园冶》中认为在江干湖畔，深柳疏芦之际，因为有"悠悠烟水，澹澹云山，泛泛渔舟，闲闲鸥鸟"，在景物创造上宜藏宜简，要"漏层阴而藏阁，迎先月以登台"。这就是计成的"略成小筑，足征大观"的造园思想。例如红石公园的北半部原本自然环境条件就很不错，改造时保持公园原来的面貌，适当进行植物景观的营造与调整，或者只是做些人工景物的点缀。又如位于公园北部的红石冈峦连绵起伏，很有特色。改造中保持这一地段及其周边环境的原状，不再新增任何景点，同时做好对其有不利影响的"锦阳关"景点的改造。

2.4.2 提炼

老公园经过多年经营，其中的植被、山水、人文景观等通常会有其特色的一面，在改造的时候应充分挖掘并展示这些特色。当公园中有这样的特色地段，但是园林景观特色稍嫌不足时，可以通过设计提炼或强化其特点。例如，红石公园中的水面对于北方城市而言就显得十分珍贵。公园从北湖到南湖的公园水景带本身就很有特点，在改造过程中可以结合各种特性的滨水空间创造，强化这条"水"线。再如位于南湖东岸的烟雨轩一组建筑，可以通过改造临水廊榭和主体建筑与水面的关系，突出其在南湖滨水空间中的主导性，增加"依依柳色、粼粼波光、点点楼阁"的园林水景空间氛围。

2.4.3 新兴

当自然或人工环境条件不足或十分普通时，特色空间的营造就需要更多地借助于设计的创造了。新兴的特色空间可以以自然美为主，辅以人工美，充分利用山石、水体、植物或建筑等造园要素以塑造自然或人工景点，并把人工设施和雕琢痕迹融入自然景色之中。也可以关注地域特征相关的题材，在公园中形成新的历史人文景点，或在区域自然环境与地域人文主题提炼基础上，结合新的园林设计手法创造具有现代特征的园林空间。这些新兴的特色空间的创造更需要设计师的思维、智慧，以及对地域文化的理解和对园林形体空间的把握。

2.5 注重生态设计思想

公园改造设计中利用生态设计理念是对传统设计途径的完善，主要体现在以下几个方面。

其一，公园改造关注节约型公园建设理念。一方面应珍惜资源，考虑公园资源的重新整合与利用；另一方面，通过合理的设计减低园林景观的养护管理成本，为公园的永续发展提供保证。

其二，绿色是公园的主体，绿荫、草地、花卉乃至水体、土壤是公园中的生命系统。公园改造中应充分关注它们，用生态学原理解决好这些生命系统的保持、修复与新建。例如在公园植物景观的保护和恢复上遵循地带性植物群落的建设要求。

其三，以自然为师，尽可能利用自然过程本身的力量保持公园的自然生态特征。一方面，改造中充分利用公园原有的地形地貌，减少盲目的人工改造环境对自然山水的破坏；另一方面，改造中进行生态修复，改正过于简单粗放的工程措施对公园自然生态过程的破坏。例如南湖西岸的自然岸带恢复与浅滩改造营造了良好的湿地功能。

现代城市公园的生态功能已逐渐显露出来，而不仅仅局限于娱乐和休憩作用，其所展现的生态美已成为当代公园建设的新视野。

3 公园调整规划

3.1 公园空间结构

在公园布局调整与景点改造之前，需要对公园整体空间结构与景观特征进行分析。在充分了解公园自然地形条件、建设现状以及周边城市环境的基础之上，我们将整个红石公园按南北向"三横"，东西向"三纵"的空间结构来理解。

3.1.1 "三横"：动静的过渡

公园从南到北分为三段（三横），由南部热闹嘈杂、视线开敞通透的街道广场逐渐过渡到北部幽静自然、空间内敛的山林溪涧环境。

南段从鲁中西大街到园中的双龙桥。由于此段的公园周围直接与市民广场、文化广场等城市公共空间相联系，空间呈现出动态、活跃的特征，是公园与城市环境的重要渗透界面。

中段从双龙桥向北至红石谷，环境相对安静，但又不失动感，有起伏的地形和成片的树林。

北段从红石谷到汶源西大街，是公园最为僻静的地方。

3.1.2 "三纵"：景观空间的划分

如果说公园从南到北有空间个性上的变化，那么从东到西就是功能特征上的划分。公园从东到西也可以分为三个条带（三纵）来理解，总体上从东部游憩空间到西部健身设施场地。

东带为游憩带，由专类植物景观带、游戏活动区和城市休憩广场群组成，是整个红石公园的休闲、娱乐、观景空间。东带采用了一种景点串联式的空间结构，沿主要园路将大大小小的主题广场和主题专类园串接而成。该条带的南部与周边广场及街道相接，有大量的游人由此入园，因此需要创造良好的进入环境和景观界面。

中带为水景带，从北到南由北湖、红石谷、荷花池、南湖组成，是公园最具灵性与自然特色的空间。

西带为山林带，地形起伏、植被茂密，有一定的山林气势，是公园中漫步、运动健身的好去处。与东带活动空间相比，西带更像是公园的绿色背景空间。

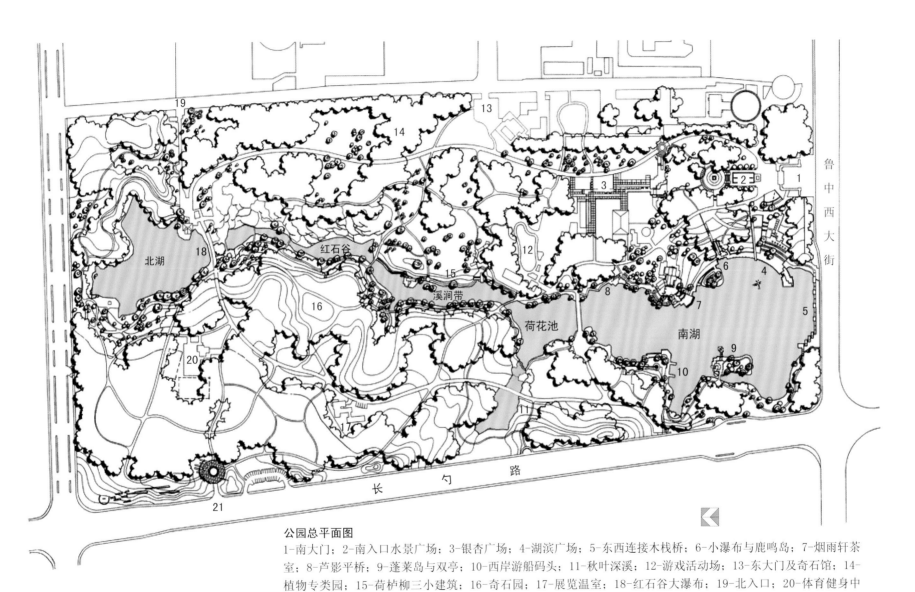

公园总平面图

1-南大门；2-南入口水景广场；3-银杏广场；4-湖滨广场；5-东西连接木栈桥；6-小瀑布与鹿鸣岛；7-烟雨轩茶室；8-芦影平桥；9-蓬莱岛与双亭；10-西岸游船码头；11-秋叶深溪；12-游戏活动场；13-东大门及奇石馆；14-植物专类园；15-荷栌柳三小建筑；16-奇石园；17-展览温室；18-红石谷大瀑布；19-北入口；20-体育健身中心；21-西入口

3.2 两个特色空间的创造

在红石公园三横三纵的空间结构之中,重点有两个部分。第一部分是位于"三纵"中间的"水带",良好的水景空间营造将对公园园景产生影响。第二部分为南入口区,是由一系列小型主题广场组成的广场群空间,包括水景、集散、文化、亲水等不同主题或功能的广场。

3.2.1 "水景带"

北湖景区北端为人工湖石大瀑布。沿湖设置了休息亭、茶室、亲水平台、沙滩等景点与服务设施。与红石谷相邻近的锦阳关景点被改造成红石谷大瀑布,形成叠瀑飞流的壮观景象。大瀑布向南与红石谷溪涧区相接。红石谷北段东岸有成片的红板岩,十分引人注目。红石谷南半部的溪涧两旁坡地绿树浓荫,宁静而幽深,其间点缀了"荷"、"栌"、"柳"三个园林休憩建筑。出了红石谷向南,水面渐渐宽

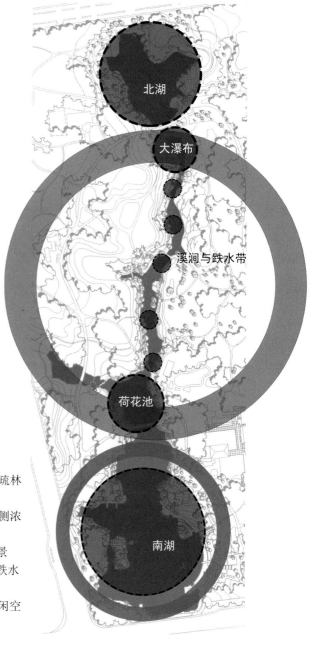

公园空间结构分析——水轴

北湖: 自然幽静的水景空间,西边为葱茏的山林,东边是疏朗的疏林草地,环湖为自然岸带及水生植物

溪涧: 曲折平缓的流水以及溪流两岸的水草和水生花卉掩映在两侧浓郁的山谷坡地之间,形成幽深的湿地环境

大瀑布: 利用原拦水坝及高差设置两级跌水大瀑布,形成壮观的水景

小跌水: 自北向南的水位落差分布到整个溪流部分,形成一系列小跌水

荷花池: 溪流与大水面的过渡空间,池内遍植荷花

南湖: 全园最大的湖面,以水面观景为主,环湖设置众多滨水休闲空间,展现现代城市公园滨水景观

敞。首先流经的是荷花池，溪水穿越双龙桥后，向南汇入南湖。南湖景区拥有公园最大的水面，湖中有蓬莱、鹿鸣两岛，以双龙桥为界分东西两岸。南湖南端架设木栈桥，不仅将南湖东西两岸连接起来形成环路，同时站在桥上也可欣赏湖景。南湖水面中央设高压喷泉，喷水时可打破湖面的平静形成壮丽的景观。南湖西岸景色相对自然，有蓬莱岛与湖中双亭、游船码头、林荫健身场。南湖东岸景点相对密集，沿湖岸线形成一条滨水的流动空间。从南到北设有湖滨广场、夕照轩、滨水步道、山林小瀑布、鹿鸣岛、烟雨轩、芦影平桥等景点。烟雨轩是该区的控制性景点建筑，外围连接曲廊水榭。在轩榭内、长廊上可赏垂柳，听鸟语，闻荷香，尽享公园自然之趣。

3.2.2 "广场群"

对于公园来说，这些广场成为城市空间渗透的通道，吸引大量游人的同时也引导游人深入公园内部空间。位于公园之中的这种类型广场的设计应有别于一般的城市广场。如市政府前的市民广场及文化广场均为城市大型聚会广场，有大面积的硬质铺

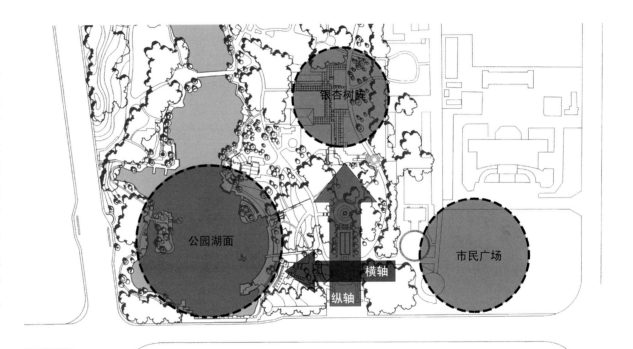

公园与城市关系的分析

纵轴： 体现了公园主入口的开放性，将公园入口景观向纵深引导，增强了公园入口空间气势

横轴： 增加了空间的渗透性，将城市公共空间引向活跃的湖滨广场

红石公园改造项目一览表

分 区		公 园 景 点		工 程 特 征			工程阶段
	NO.	名 称	保留	改造	新建	
公园入口区 — 南入口轴线区	1	南入口广场	○	○		1
	2	大水池区			○	1
	3	浮雕小广场			○	1
	4	银杏广场			○	1
西北入口	5	入口广场			○	3
	6	"梯田"景观			○	3
北入口	7	北入口			○	规划
东主入口*	8	东主入口		○		1
东北入口*	9	东北入口		○		1
公园水景带 — 北湖*	10	北湖		○	○	1
红石谷溪涧区	11	大瀑布			○	1
	12	红石谷	○			现状
	13	荷、栌、柳			○	3
荷花池	14	荷花池	○			现状
	15	跌水			○	2
南湖 东岸	16	湖滨广场			○	2
	17	滨水步道			○	2
	18	山泉小瀑布			○	2
	19	鹿鸣岛		○		2
	20	烟雨轩		○		2
	21	芦影平桥			○	2
南湖 西岸	22	蓬莱岛		○		3
	23	游船码头		○		3
	24	林荫健身场		○		3
植物专类园区	25	植物专类园			○	规划
游戏活动区*	26	游戏活动		○	○	1
科普教育展示区	27	奇石馆		○		现状
	28	奇石园		○		现状
	29	书画馆			○	4
	30	盆景园			○	4
	31	青少年科普活动基地	○			现状
山林休闲、体育活动区	32	山林休闲区		○		2
	33	体育活动区*			○	3
办公管理区	34	办公管理		○		现状

注：带*号的项目不在此次的公园改造设计工作之列。

地。因此，公园中的广场应该充分利用园内现有的优良自然环境，为市民提供浓荫、亲水的休憩型广场空间。在设计上应避免采用过大、过整的空间处理方式，而宜采用分散、硬质与软质要素有机融合的园林设计手法。

公园改造强调了入口轴线的功能，沿着轴线向北布置了新的水景和银杏广场两个空间。与南入口内广场相接的是入口水景广场，广场上有喷泉水池、花架、浮雕墙、浮雕小广场等一系列的园林景观。轴线继续向北延伸，纵深处为银杏广场。银杏广场是一处由200多株银杏树组成的树阵式林荫休憩广场，树下布设了水池、铺装、木地板、条凳、矮墙和大片绿地，形成景色宜人的休闲场所。

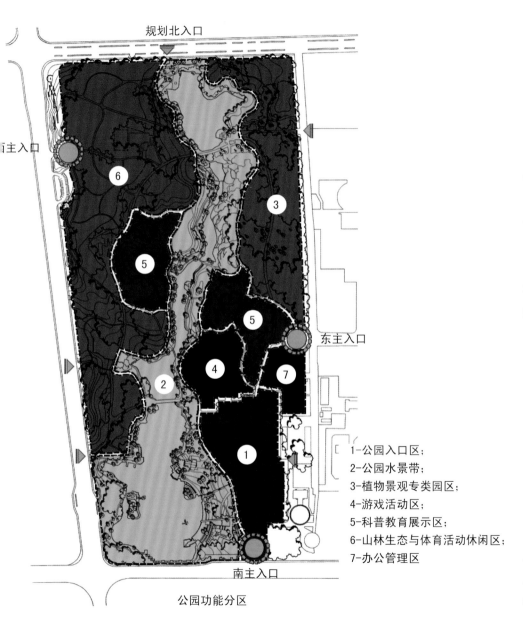

规划北入口

南主入口

东主入口

南主入口

1-公园入口区;
2-公园水景带;
3-植物景观专类园区;
4-游戏活动区;
5-科普教育展示区;
6-山林生态与体育活动休闲区;
7-办公管理区

公园功能分区

3.3 公园分区及内容

3.3.1 公园分区

为了满足不同活动需求以及营造不同特性的公园环境，公园需要进行功能分区[1]。红石公园采用了功能—景色混合型分区方式，全园共分为：公园入口区、公园水景带（包括南湖景区、北湖景区、红石谷溪涧区）、植物景观专类园区、游戏活动区、山林休闲与体育活动区、科普教育区、办公管理区等12个区。这次的改造工作（1～3期）主要集中在公园入口区、公园水景带两大部分。规划的植物景观专类园区（全部）、科普教育展示区（部分）、调整的山林休闲与体育活动区（部分）等内容尚没有开展。

公园景区面积一览表

序号	景区名称	面积(hm²)
1	公园入口区	4.5
2	公园水景带	15.7
3	植物景观专类园区	6.0
4	游戏活动区	1.6
5	科普教育展示区	4.0
6	山林生态与体育活动休闲区	13.2
7	办公管理区	1.0
	公园总面积	46.0

[1] 公园的分区形式主要有两种，一种按功能分区，另一种按景色分区，也可以两种形式相混合。城市综合性公园最常见的功能分区包括：文化娱乐区、安静休息区、观赏浏览区、儿童活动区、体育活动区、公园管理区等。

公园东北入口

3.3.2 公园分区详细内容

1) 公园入口区

公园主要入口有南入口、东入口、西北入口、北入口（规划）。南入口是公园的主入口，包含水景广场和银杏广场两个空间。公园西主入口原布置于南湖西岸，因长勺路改造从公园南部调整到北面。西入口以石景为特色，其北面的大坡面面向长勺路，其上点缀"梯田"石景。东入口基本保持原状，规划的北入口尚未建设。因为公园规模大，除了以上几个主要入口外，还设置了一系列的次入口以及与城市道路相接的人行出入口。

2) 公园水景带

公园水景带由北至南横贯整个公园的中部。由于沿线地形的变化使得水面形态较为丰富，有敞有狭、有动有静，水景带成为公园最具特色的景观空间之一。水景带分为南湖景区、北湖景区、红石谷溪涧区、荷花池等几部分，其中的南湖景区、红石谷溪涧带是公园改造的重点内容。

3) 植物景观专类园区

公园东入口以北地段现状主要为平坦的大草坪，其上零星栽植了一些柳树。在公园规划中，此地段被辟为植物专类园区，规划有藤蔓园、樱花园、玉兰园、海棠园、丁香园、紫荆园、月季园、牡丹园、百草园、花木盆景园等植物主题专类园。位于公园东北角布置了占地4hm^{2}的疏林草坪区，以大乔木为背景，结合起伏地形，铺设大面积的草坪，沿边缘栽植成丛的花灌木，形成疏林缓坡草地，可供小型聚会、集体活动之用。沿路的草坪上点缀景石、虬松，起到点景和引导作用。

公园树林草坪区景观

4）游戏活动区

公园游戏活动区位于银杏广场西北部，是现状游戏设施相对集中的地段。除了拆除动物园与场地上的陈旧设施外，保留了碰碰车、转盘飞机等原有设施，增设了淘气堡、海盗船、幸福快车、旱冰场、垂钓池等一系列游乐设施供青少年与儿童娱乐之用。特别是场地上的原水上世界是一个很好的夏天嬉水游乐设施，改造成为水上游乐场与游泳池后可开放使用。游戏区周边是高大杨树组成的林荫广场，树下设置座凳供游人休息。

5）科普教育展示区

科普教育展示区位于公园中部，由奇石园、奇石馆、书画斋、盆景苑组成。这些景点由东至西散点布置。奇石馆位于公园东入口南面，是莱芜地区各种珍奇石块的展览场所。在东入口北面，利用原园林科研所场地设置了盆景苑，用于进行各种类型的盆景、盆栽展示活动以及为盆景爱好者提供一定的参与性活动与交流场所。从东入口广场北侧的园路可通向青少年活动基地，基地周边地形起伏、植物种

公园体育活动区

类丰富，是莱芜团市委组织青少年进行植树绿化、科普教育的户外活动场地。向西跨过红石谷为科普教育展示西区，由奇石园和书画斋两部分组成。奇石园是大型奇峰异石的展览空间，园内3000余吨奇石形态各异，怪石嶙峋。书画斋是一组位于奇石园西南部的规划建筑，主要用于金石书画展览。

6）山林生态与体育活动休闲区

公园西北部地势较高，地形连绵起伏，布置了山林生态区与体育活动休闲区。以林木为主的山林生态区自北向南建设了秋景区、果园区和春景区。秋景区主要以黄栌、火炬树、栾树、五角枫、法国梧桐等色叶树种为主，果园区主要以山楂、石榴等开花结果树种为主，春景区主要以樱花、紫叶李、海棠、连翘、绣绒菊等春天开花树种为主。虽然没有很多高大乔木，由于林地有一定的郁闭度，整体仍有一定的山林野趣。公园规划中提出以乡土植物为主，以秋季色彩为基调，最终形成林相结构相对复杂的复层型风景林。山林区占地面积大，除了供人们游览自然幽静的山林景色外，此区是全园的主要运动场所，成为人们晨练、漫步、跑步和节假日进行体育活动的好去处。公园体育活动区位于山林之中，环境条件优越。区内设有篮球场、排球场、羽毛球场、门球场、网球场等运动场地和相应的配套服务建筑，运动场地周边布置了生态型小广场以供人们休息。

7）办公管理区

公园管理处位于东入口南侧，直接与公园路相接。现有的办公管理建筑空间充足，位置相对独立，对外联系方便，能够满足工作需要，此次公园改造保持原状。

3.4 公园园路规划

公园道路是公园的重要组成部分，起着组织空间、引导游览、交通联系并提供散步休息场所的作用。与普通道路不同，公园道路本身就是公园园景的组成部分，蜿蜒的曲线，丰富的寓意，精美的图案，都给行人以美的享受。因此，公园道路在满足游览交通的条件下，应做到"因景取线"，需要与沿线地形、水体、植物及建筑相融合，形成完整的公园园景构图。

3.4.1 园路总体调整规划

结合公园园路现状分析园中所存在的问题，在综合考虑园路路网的通达性、疏密度、空间组织、视线引导等因素基础上，本轮公园改造对以下几个方面进行了调整：

（1）在公园南端跨南湖架设步行木栈桥，以解决公园东西两岸的游线沟通和西岸景点可达性差的问题。

（2）从南入口向北的西主园路在双龙桥处改道北行，将桥和路分开。主园路从荷花池与红石谷溪涧带之间架平桥跨溪伸向西岸，形成新的游线。由此解决双龙桥交通瓶颈的问题。

（3）沿南湖东岸设置滨水步道，增加通向湖面的道路数量，为游人提供更多的亲水机会。

（4）在红石谷溪涧带中增加连接东西两岸的次级园路或游步道。

（5）南湖西岸沿湖增置滨水步道，步道需结合起伏变化的地形，

与水面形成自然相接的关系。

（6）在公园路网密度规划上采用南部增加，北部控制的原则，根据游览需要做到全园路网疏密有致。经统计，公园路网密度约206m/hm²，园路用地率6.2%，总体上比较适宜[1]。在公园道路等级上，通过增加次级园路，使得园路主次分明，等级配比更趋合理。

园路设计一览表

序号	园路等级	宽度(m)	长度(m)	面积(m²)	材料
1	主园路	5.0～7.0	2050	10250	现浇混凝土、花岗石
2	次园路	2.5～3.0	3240	12750	花岗石、混凝土砖
3	一般步道	1.5～2.0	2800	4150	混凝土砖、花岗石
4	游步道	0.9～1.2	1320	1350	卵石、混凝土砖
5	汀步石	0.6～1.0	72	60	自然石块、预制混凝土块
	总计		9482	28560	

[1] 公园路网密度是单位公园陆地面积上园路的长度，园路用地率是公园道路面积占全园用地面积的比率。路网密度过高会使公园分割过于细碎，影响总体布局的效果，并使园路用地率升高，公园绿地率下降。路网密度过低则交通不便，造成游人穿踏绿地。根据行业标准《公园设计规范》CJJ48-1992，适宜的路网密度为200～380m/hm²。

3.4.2 园路的线形

除了一些结合空间几何构图的园路外，公园中大部分园路都会采用自然曲线。优美的园路线形需要随形就势，弯曲自如，一方面与沿线景观有机结合，另一方面随地形和景物而曲折起伏，若隐若现，路曲而景深。

1）从南入口沿东主园路向北的现状道路线形过于平直，南段可以结合公园广场群改造调整成曲线，形成路两侧新的园景空间感受；北段可以结合植物景观专类园区的建设，在线形上更加自由，彻底打破东主园路的平直线形。

2）取消红石谷溪涧带两侧的部分现状园路，改变两岸园路夹水的生硬做法，使园路与溪水带之间有一种若即若离的关系。

3）公园西部的主要园路虽然并不平直，但是大的线形与地形结合不佳，曲折不当。改造中调整其平竖曲线，保留一部分，改线一部分。

4）新建园路除了自身在空间上有适合的曲折外，还需做到与现状园路在平面与竖向上的顺畅衔接。

3.4.3 园路的设计

公园中园路的设计可根据道路功能、使用要求与景观环境，选择相应的道路形式与路面材料。

1）道路宽度随园路功用而变化：主园路5.0～7.0m，次园路2.5～3.0m，一般步道1.5～2.0m，游步道0.9～1.2m，汀步石0.6～1.0m。

2）园路的形式是多种多样的，尤其是一般步道与游步道，它们可以随着地形条件、景观环境不同而呈现出丰富的形式变化。例如，在林间或草坪中，可以选择汀步石或休息岛；遇到坡地，可以采用石级、蹬道或坡道；跨水而过，可以架桥、设堤、点汀步。

3）铺面设计：将路面作为园林景观的一部分来设计。在公园中，铺装设计可以简单，也可以复杂；可以素雅，也可以浓重，因场所的不同而各有变化。设计良好的铺地纹样具有空间的指引性。选取合宜的铺装材料，对铺地纹样进行精心设计是形成公园良好行走环境的基础。

公园道路

3.5 游憩与服务设施规划

游憩服务设施是强化公园游憩功能的重要方面，同时也直接关系到游客的游览体验。强化其建设对公园发展有着举足轻重的作用。究竟园内配备什么样规模的游憩设施，既不破坏公园景观的整体风格，又能增添园内的内容，这是规划所要重点考虑的问题。侧重从功能、选址与规模、布局与间距、建筑风格等角度，对游客中心、厕所、垃圾箱、指示牌、游乐场、餐饮服务设施等六种游憩服务设施类型进行了规划布局。

具体措施有：

（1）在人流集中处设置垃圾箱。景区景点内各旅游、服务接待和管理设施附近，主要游览场所、娱乐场所、游步道设独立的垃圾箱(游步道每200m设垃圾箱一个)。

（2）在园路明显处设置造型美观的标牌，提醒游客注意安全、保护环境、防火和爱护树木等事项。

（3）在适当位置设置与周围环境相协调的厕所，内部设施要完善，卫生条件良好。

（4）娱乐项目要有相应的资格证件，严格按照国家有关规定实施。

（5）在各景区入口处设立全景导游图，在道路交叉点设置旅游线路示意牌。

3.6 绿化规划

由于公园建设形成的现状植被类型多，树种丰富，配置形式多样化，使得老公园改造的绿化规划工作相对复杂。主要的工作有：树种调查、植被类型分析、绿化调整的基本目标、种植设计分区引导等，其中前两项是绿化现状分析，后两项为绿化调整规划。

3.6.1 绿化树种调查与分析

1）主要结果

经调查，公园现共有树种107种，分属于37科；其中乔木56种，灌木41种，藤本14种、竹类3种；常绿树种31种，落叶树种76种，乔灌木种数比为1∶0.75；常绿与落叶种数比为1∶2.45。乡土树种有66种，占61.7%，因而公园总体植被生长状态较好，良以上占73.8%。由于公园树种多，植物季相色彩丰富，景观效果较好。

2）存在问题

（1）公园规模大、建设时段长造成植被分布不够均衡。

（2）有些树木长势较弱，有待更新。

（3）在植被组成方面存在常绿落叶比与乔灌比均偏大的问题。

（4）植物配置上存在搭配不尽合理、层次不够丰富等问题。

3.6.2 现状植被类型与分布

（1）草坪及零星植被区：该地区基本上以大草坪为主，局部地段有些零星乔木或灌木栽种其上。

（2）成丛植被区：以乔木或灌木成丛种植的区域，但是没有形成复层种植。

（3）稀疏林地：乔灌草复层种植区域，林地郁闭度较低。

（4）茂密林地：乔灌草复层种植区域，林地郁闭度较高，分幼树树木密植与成熟密林两种情况。

（5）林带：由高大杨树成行等距种植形成的整齐植物景观。

3.6.3 绿化调整设计的基本目标

1）保护好现有长势优良的植物，特别是一些高大的乔木，公园景点建设与环境整治中加以充分利用。

2）不再增加数量多的树种，尤其数量多而长势一般或较差的树种，例如刺柏、碧桃等，应增加其他植物种类的数量。

3）控制华山松、侧柏、刺柏、蜀桧、龙柏等常绿树种的数量，改变植物群落结构，提高生物多样性。

4）通过调整获得良好的公园植物景观，主要包括以下几个方面：

（1）总体上公园南部植物景观应变化丰富，达到公园植物景观的要求。公园北部土层较薄，树种少，更多体现植被的自然

草坪及零星植被区
成丛植被区
稀疏林地
茂密林地
林带

现状植被类型与分布

野趣。总体布局有待完善，植物分区有待调整。

（2）东部与南部的植物群落林下层次单一的地段总体上应增加层次，结合植物景观造景要求形成不同的植物景观。

（3）增加一定量观赏性较强的木本地被与宿根花卉，尤其在公园南半部游人较多的地段。

（4）对于公园红板岩地貌，局部地段的土层偏薄造成长势较差的地段可以结合环境调整或景点建设，增加地形高度以利植物生长；当地形不进行调整时可大量配置灌木、宿根花卉与地被。

（5）合理搭配乔灌木、常绿与落叶树种，提高落叶乔木、灌木树种数量，形成丰富的四季植物景观。

5）进一步提高公园植物配置的艺术性：

（1）不应将植物作为孤立的造景要素，而应将其与水景、地形、建筑、园路等诸要素相结合，形成整体的植物景观。

（2）除了特定景观空间的要求，种植设计与调整中应尽量避免出现公园现状中的层次单一的植物景观。

（3）植物组群配置中应充分考虑不同植株在形式、质感、高矮、色彩上的相互映衬与整体统一的要求。

（4）结合园景空间主题充分展现植物的迹象特征。

红石公园现状树种分类统计表

类型	名称	拉丁学名	数量（棵）	生长状况
常绿乔木	雪松	Cedrus deodara	211	优
	白皮松	Pinus bungeana	41	优
	蜀桧	Sabina komarovii	1156	优
	龙柏	Sabina chinensis cv. Kaizuca	1045	良
	华山松	Pinus armandi	511	良
	侧柏	Platycladus orientalis	457	良
	女贞	Ligustrum lucidum	202	良
	油松	Pinus tabulaeformis	22	良
	黑松	Pinus thunbergii	202	一般
	刺柏	Juniperus formosana	484	一般
	赤松	Pinus densiflora	22	一般
	红皮云杉	Picea koraiensis	74	较差
	日本冷杉	Abies firma	15	较差
落叶乔木	臭椿	Ailanthus altissima	68	优
	龙爪槐	Sophora japonica cv.pendula	34	优
	法桐	Platanus orientalis	95	优
	火炬树	Rhus typhina	1703	优
	构树	Broussonetia papyrifera	23	优
	国槐	Sophora japonica	587	良
	垂柳	Salix babylonica	1093	良
	刺槐	Robinia pseudoacacia	14	良
	美国梧桐	Platanus occidentalis	121	良
	英国梧桐	Platanus acerifolia	67	良
	泡桐	Paulownia fortunei	2	良
	山楂	Crataegus pinnatifida	65	良
	桑树	Morus alba	3	良
	毛白杨	Populus tomentosa	97	良
	加杨	Populus canandensis	37	良
	榆树	Ulmus pumila	118	良
	圆冠榆	Ulmus densa	186	良
	合欢	Albizia julibrissin	271	良
	杜仲	Eucommia ulmoides	120	良
	栾树	Koelreuteria paniculata	76	良
	桃树	Prunus persica	24	良

类型	名称	拉丁学名	数量（棵）	生长状况
落叶乔木	紫叶李	Prunus cerasifera cv. Atropurpurea	229	良
	樱花	Prunus serrulata	47	良
	白梨	Pyrus bretschneideri	76	良
	苦楝	Melia azedarach	107	良
	元宝枫	Acer truncatum	38	良
	三角枫	Acer buergerianum	128	良
	白蜡	Fraxinus chinensis	331	良
	银杏	Ginkgo biloba	25	良
	毛梾	Cornus walteri	15	良
	李	Prunus salicina	16	良
	龙爪柳	Salix matsudana cv. Tortuosa	15	良
	柿树	Diospyros kaki	22	一般
	君迁子	Diospyros lotus	104	一般
	垂丝海棠	Malus halliana	125	一般
	白玉兰	Magnolia denudata	17	一般
	青桐	Firmiana simplex	15	一般
	水杉	Metasequoia glyptostroboides	42	较差
	复羽叶栾树	Koelreuteria bipinnata var. integrifoliola	7	差
	金丝柳	Salix X aureo-pendula	46	差
	碧桃	Prunus persica cv. duplex	584	差
	山茱萸	Macrocarpium officinale	59	差
常绿灌木	小叶女贞	Ligustrum quihoui	1671	良
	洒金柏	Platycladus orientalis	406	良
	瓜子黄杨	Buxus sinica	5156	良
	大叶黄杨	Euonymus japonicus	4887	良
	小龙柏	Sabina chinensis cv. kaizuca	1528	良
	凤尾兰	Yucca gloriosa	633	良
	蜀桧球	Sabina komarovii	18	良
	铺地柏	Sabina procumbens	38	一般
	火棘	Pyracantha fortuneana	612	一般
	石楠	Photinia serrulata	80	一般
	花柏球	Chamaecyparis pisifera	9	一般

类型	名称	拉丁学名	数量（棵）	生长状况
落叶灌木	紫穗槐	Amorpha fruticosa	11	优
	石榴	Punica granatum	207	良
	玫瑰	Rosa rugosa	1056	良
	白丁香	Syringa oblata var. alba	45	良
	榆叶梅	Prunus triloba	155	良
	迎春	Jasminum nudiflorum	105	良
	金银木	Lonicera maackii	218	良
	丰花月季	Floribunda Roses	2000	良
	棣棠	Kerria japonica	65	良
	绣线菊	Spiraea cantoniensis	62	良
	锦鸡儿	Caragana sinica	2	良
	枸橘	Poncirus trifoliata	1064	良
	金叶女贞	Ligustrum vicary	872	良
	红叶小檗	Berberis thunbergii cv. Atropurpurea	571	良
	黄栌	Cotinus coggygria	368	良
	紫薇	Lagerstroemia indica	630	良
	紫荆	Cercis chinensis	122	良
	连翘	Forsythia suspensa	816	良
	月季	Rosa chinensis	7004	良
	紫丁香	Syringa oblata	56	良
	红瑞木	Cornus alba	50	一般
	贴梗海棠	Chaenomeles speciose	584	一般
	牡丹	Paeonia suffruticosa	50	一般
	木槿	Hibiscus syriacus	167	一般
	腊梅	Chimonanthus praecox	8	一般
	黄刺梅	Rosa xanthina	115	一般
	红花继木	Lorpetalum chinensis var. rubrum	325	差
	蔷薇	Rosa multiflora	826	差
	紫玉兰	Magnolia liliflora	26	差
	银芽柳	Salix leucopithecia	50	差
藤本	紫藤	Wisteria sinensis	102	优
	凌霄	Campsis grandiflora	530	优
	枸杞	Lycium chinense	2	良

类型	名称	拉丁学名	数量（棵）	生长状况
藤本	爬山虎	Parthenocissus tricuspidata	165	良
	葡萄	Vitis vinifera	87	良
	金银花	Lonicera japonica	100	一般
竹类	刚竹	Phyllostachys viridis	100	良
	淡竹	Phyllostachys glauca	60	一般
	箬竹	Indocalamus latifolius	30	一般
	草坪		19.6hm²	

3.6.4 种植设计分区引导

由于公园中存在大量的现状景观栽植，充分利用这些植物并做好调整完善工作是种植设计的重要任务。在树种调查与现状植被分析的基础上，结合公园分区规划提出植物的分区引导，为深入的种植设计及景点设计提供设计要求与指引。

1 公园主入口

1-1 公园入口广场区，种植以花坛及观赏性较强的中小乔木、花灌木为主。

1-2 现状植被条件优良地段，种植以丰富林下宿根花卉、补充较耐阴灌木，以及处理好林缘种植为主。

1-3 以烘托入口轴线的对称种植为主，轴线外缘逐渐过渡到自然种植。

1-4 现状丛植景观单调，可增加不同高矮与冠形的树种进行调整与完善。

1-5 结合广场规整种植，形成气势的树阵和规整草坪绿篱。

1-6 结合东主园路线性调整进行路侧的景观栽植，种植设计应考虑保留原道路的高大杨树。

2 公园水景带

2-1 现状植被条件优良地段，种植以丰富林下宿根花卉、补充较耐阴灌木，以及处理好林缘种植为主。

2-2 以硬质空间为主的滨水广场或亲水平台空间，种植以点缀为主，尽量保持视线通透。

2-3 以疏朗大草坡为主要景观特色，坡顶点缀高大乔木，坡脚成丛散植大灌木。

2-4 沿湖环境种植，以耐水湿的垂柳、枫杨等为主。坡岸较陡处成片种植。

种植设计分区引导规划

2-5 结合景点建设形成较为丰富的沿岸种植。

2-6 红石谷冈峦环境种植区,以复层种植形式改善现有零散的植被。

2-7 红石谷景观保护区,在冈峦谷地土层较厚处成片种植低矮的灌木或宿根花卉。

2-8 大瀑布水景两侧植物景观烘托区。

2-9 北湖湖石大假山背景林,常绿树应有一定的比例。

3 植物景观专类园区

3-1 现状植被条件优良地段,种植以丰富林下宿根花卉、补充较耐阴灌木,以及处理好林缘种植为主。

3-2 现状柳树疏林,林下过于平坦与单调,需结合微地形种植林下耐阴地被并适当增加常绿耐阴小乔木或灌木。

3-3 现状丛植景观单调,可增加不同高矮与冠形的树种进行调整与完善。

3-4 植物景观专类园,建设时可以结合现状成片华山松等,但是可以调整。

3-5 现状成片草坪区过大,可通过灌木与地被丰富,用作专类园时需结合地形改造增加中小乔木数量。

3-6 公园背景隔离林带。

4 游戏活动区

4-1 现状植被优良,高大乔木下可以设置硬质铺地。

4-2 现状丛植景观单调,可增加不同高矮与冠形的树种进行调整与完善。

5 科普教育展示区

5-1 现状植被条件优良地段,种植以丰富林下宿根花卉、补充较耐阴灌木,以及处理好林缘种植为主。

5-2 现状丛植景观单调,可增加不同高矮与冠形的树种进行调整与完善。

5-3 公园入口广场区,种植以花坛及观赏性较强的中小乔木、花灌木为主。

5-4 以疏朗大草坡为主要景观特色,坡顶点缀高大乔木,坡脚成丛散植大灌木。

6 山林生态与体育休闲活动区

6-1 现状植被条件优良地段,种植以丰富林下宿根花卉、补充较耐阴灌木,以及处理好林缘种植为主。

6-2 现状丛植景观单调,可增加不同高矮与冠形的树种进行调整与完善。

6-3 体育活动区。

6-4 以花灌木为观赏主题的种植区。

6-5 以疏朗大草坡为主要景观特色,坡顶点缀高大乔木,坡脚成丛散植大灌木。

6-6 沿湖环境种植,以耐水湿的垂柳、枫杨等为主。坡岸较陡处成片种植。

6-7 结合道路沿线景观改造,通过地形起伏形成葱郁的公园森林景观。

6-8 高大乔木下的林阴体育活动场地,需要整理林下空间和有碍活动的枝干。

6-9 人行入口景观栽植。

7 办公管理区

7-1 保留高大的成排杨树。

7-2 结合东部主园路线性调整进行路侧的景观栽植,种植设计应考虑保留原道路的高大杨树。

7-3 建筑庭园成内院环境绿化。

改造后的公园绿化景观

第2部分 公园景区与景点改造设计

　　老公园改造与新公园建设的最大差别在于：老公园改造是选择性的、由点带面的方式；而新公园建设是从零开始，需要全面展开。在景区及景点改造设计工作中，我们着重对空间组织与景点特色进行了探讨。一方面，需要注重公园整体空间的塑造，将良好的公园景致、山水环境有机地组织"串接"起来，形成更加富有节奏变化及景观吸引力的公园空间序列。另一方面，老公园改造应突出公园特色的营建：其一维护好现有特色景观；其二应结合好现状景物的利用，创造出具有公园新老景观相糅合的特色空间；其三应充分挖掘地域文化，结合在新兴公园景观建设之中。

公园空间结构中的"三纵"基本上对公园大的功能片区进行了划分。公园中最具灵性与特色的是中带水景带，由幽静的北湖、流动的红石谷、远香飘逸的荷花池、明媚的南湖组成。东带为游憩带，沿着主要园路将大大小小的主题广场和植物专类园串接成景。西带为山林带，地形起伏，颇有山野之势，成为公园的绿色背景空间。

尽管公园改造工作是从全园的角度着手的，但是有些部分仅仅是路网的调整、绿化种植的完善；有些部分却涉及到深度的改造设计工作。本书第一部分对红石公园现状景观空间的特点及存在的问题进行了分析，找到了一些改造设计的关键部位与内容：公园中带水景空间与南入口广场群空间。在第二部分中，我们着重对这些关键部位的景区与景点进行了调整与改造设计，包括南入口轴线区、南湖东岸景观、公园西部景观、红石谷溪涧带四大部分。

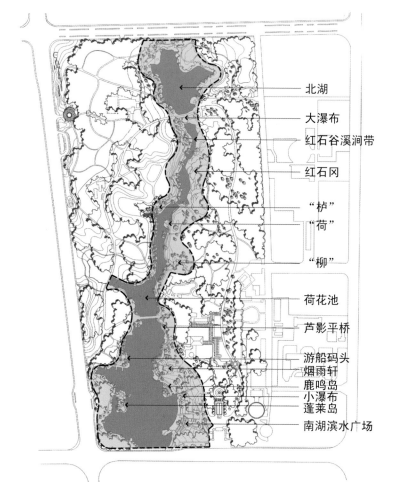

北湖

大瀑布

红石谷溪涧带

红石冈

"栌"

"荷"

"柳"

荷花池

芦影平桥

游船码头
烟雨轩
鹿鸣岛
小瀑布
蓬莱岛

南湖滨水广场

公园景点分区平面图一（中带）

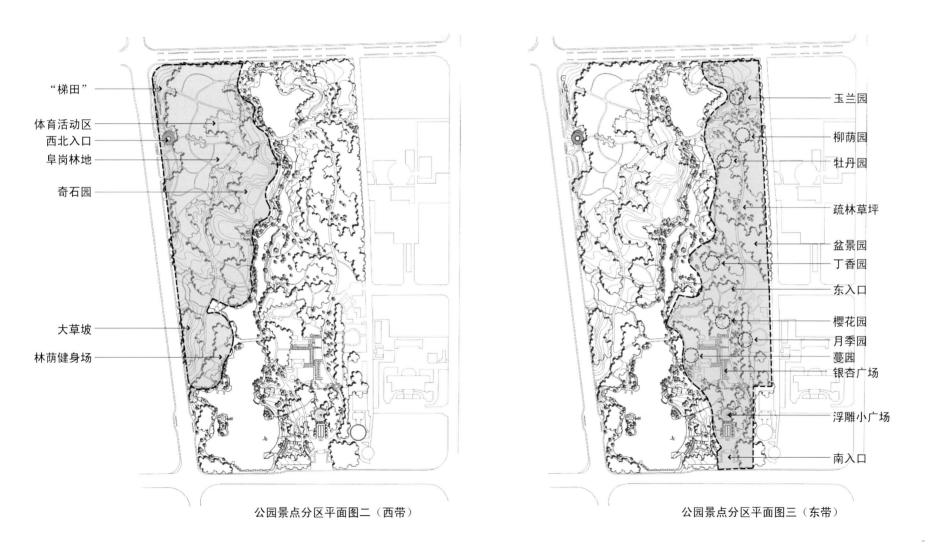

"梯田"

体育活动区
西北入口
阜岗林地

奇石园

大草坡
林荫健身场

玉兰园

柳荫园

牡丹园

疏林草坪

盆景园
丁香园

东入口

樱花园
月季园
蔓园
银杏广场

浮雕小广场

南入口

公园景点分区平面图二（西带）　　　　　　　　　　公园景点分区平面图三（东带）

南入口现状
1～3-外广场沿街景观；
4-大门建筑现状；
5-拆除入口大踏步；
6～8-拆除大假山的场地

4 南入口轴线

南入口轴线是红石公园此轮改造的重点之一，既是公园入口空间与城市公共空间相互渗透的"纵深"改造策略的体现，也是公园新形象的标志。南入口轴线表达了公园与周边城市公共空间相整合的现代城市公园改造设计思想。

4.1 南入口区

4.1.1 现状评价和感受

南入口是公园的主要入口，分为内外两个广场。外广场面向鲁中西大街，现状条件较好。现大门建筑建于20世纪80年代，建筑质量与外形不错，也有一些细部，可以保留。

南入口的主要问题集中在内广场。走进内广场，迎面堆叠了一座规模不小的湖石假山。进园用大假山作为对景是20世纪七八十年代我国城市公园建设中十分常见的入口处理手法。首先，由于内广场的空间不够大，湖石大假山造成了视线闭塞；其次是大门建筑高度的问题，从内广场看就有些偏高。如果南入口因通车需要取消现有的几级踏步的话，这种感受可能就会进一步加强。另外，与外广场相比，内广场的环境也不整齐，除了假山水池外，其他方面的考虑尚嫌不足。

新规划的南入口延伸部分（水景广场）位于内广场北面，包括整组大假山在内。南入口内外广场地势平坦，新规划部分地形西侧较低，靠近主园路有些地段的坡度较陡。大假山北面有成片的树林与大灌木丛，植被条件较好，特别是西侧坡地上的树木长势良好。场地上特别突出的是位于东北部分的几株挺拔的高大杨树，高度近20m。

4.1.2 空间组织与视线安排

1）空间组织

入口区需要有一个南北向引导型视轴。拆除大假山后，从现场空间感受来看，这一轴线的空间尺度以到达正对大门的、原入口大假山背后的几株大杨树较为合适。在近80m的轴向空间设计中考虑了两方面的问题：第一是通过安排一系列的景物或通过造景以保证空间有景可观。从内广场中代表莱芜"凤城"的凤凰石雕开始，接着是一个条形大水池，再往北走，拾级而上到达浮雕小广场，通过这样的安排来体现空间的丰富性。第二是通过空间的收放形成空间的节奏感与层次性。由于没有假山的阻挡，内广场成为一个开敞的空间。大水池区沿着轴向布置，步道分在两侧，是与内广场相接的一个收缩性空间。为了加强空间的轴向引导性，在该区东西两侧增加了地形，并且沿着步道两侧成排种植了银杏，布置了灯柱，树下设绿篱，希望通过这些手段强化空间的纵深感。几级台阶与跌落花坛将游人引向浮雕小广场——一个相对开阔的圆形浮雕与旱喷泉水景空间。

2）视线安排

对于这条轴线的设计，当时我的想法是希望人们从主入口进来后能感受到红石公园很深远的景色，却又不想让人们的视线漫无目的地处处都能看透。因此，设计中考虑到在轴线的端点形成终景，产生阻挡，既作为轴线空间的结束，也进行空间上的分隔。所以最终就有了结合莱芜历史发展主题设置弧形浮雕墙的想法。浮雕墙高度的确定也经过了推敲。其实，设置阻挡只是希望轴向视线不会完全通透。因此浮雕墙高度并不高，仅仅1.6m，再加上台阶的高度，正好可以保证从南入口内广场看过来的视线不会外溢。从另一方面看，浮雕墙还具有空间引导的作用，因为人们从南入口一进入红石公园就能看见不远处洁白的大理石墙面和高大挺拔的杨树。水平延伸的白墙与垂直向上的绿树形成了鲜明的对比。

正对南入口的几棵大杨树在设计中被组织到景观视线之中，为新设计的轴线空间增色不少。正如《园冶》所说："雕栋飞楹构易，荫槐挺玉成难。"老公园改造应充分利用场地现有资源，将其合理地组织到新的公园景观营建之中，这里大树就是最重要的因素之一。

南入口广场总体景观

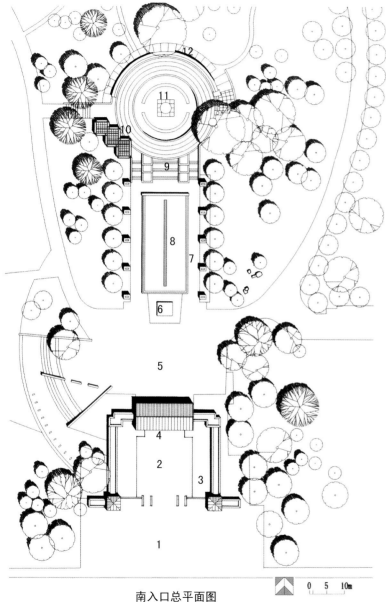

4.1.3 南入口设计

南入口是红石公园的主要入口，针对入口现状存在的问题，在改造设计中我们希望在空间及视觉形象上有所突破，同时在形式上又能简洁，空间上不失丰富性。作为公园入口景观，需要有动态的造景元素增加吸引力。设计中布置了占地1000余平方米，以喷泉为主要景观的水景广场。水景广场按轴向排列，由长方形喷泉水池与圆形旱喷泉水池两部分组成，其间用跌落花坛与台阶衔接。两侧地形与种植强化了轴向空间的引导性。

1-外广场；
2-入口庭园；
3-亭廊；
4-大门建筑；
5-内广场；
6-"凤凰"石刻；
7-灯柱；
8-长方形水池；
9-跌落花坛与台阶；
10-休憩花架；
11-旱喷泉水池；
12-大理石浮雕墙

0 5 10m

南入口总平面图

主题浮雕墙　　　　　　"凤凰"石刻

中间喷泉带

1）长方形水池区

长方形水池沿着入口空间南北轴向中心布置，长32m，宽12m，池内铺鹅卵石。水池中间设计了一条喷泉带，不仅可以增加气氛，也可引导视线，节假日的喷泉水景成了最吸引人的公园景观之一。几棵挺拔的现状大杨树，很有北方植物景观特色。当时设计这个水池的另一动机就是希望水池能产生倒影，尤其夏天时树木浓荫倒影在水池中，随波摇曳，增加了空间界面的丰富性。配合这一想法，水池在设计上作了一些处理：一是把水池水面标高抬得比地面高；二是采用弧形池边而不设溢水口，这样当池满后水就可以顺着池边流溢出水池。"无边"的水池像一面镜子一样，有"树荫覆水，水影映碧"的效果。水池两侧设计的两列石灯柱没有建成，后来被换成了成品灯柱，一是感觉分量稍轻；二是高度也偏低。

水池倒影

入秋时的水池与环境　　　　　　　　　水池喷泉　　　　　水池细部

水池中的喷泉带

2）旱喷泉及浮雕小广场

　　浮雕小广场位于轴线尽端，周边树木繁茂，是一个相对宁静的空间。浮雕广场在设计时有这样的考虑：小广场的尺度宜以北面与东面的大杨树为界。我们很希望人们在进入公园主入口节点时就能了解到莱芜的文化，因此，在浮雕墙面上雕刻了"金凤腾飞"组图及与"莱芜八景"相关诗词，以增加公园的当地文化内容。浮雕墙面材料为莱州雪花白大理石，弧线墙面简洁。浮雕墙正面微微倾斜，上雕"金凤腾飞"组图，分"嬴牟钩沉"、"绿色钢城"和"未来畅想"三部曲，描绘了莱芜的过去、现在和未来。浮雕墙背面直墙上刻有莱芜古今八大景，并分别题写了诗句。除了大理石浮雕墙外，小广场西侧设置了一个折线形花架供人们坐憩，中央是一个小型旱喷泉。旱喷泉有一圆形洼池，内有数块毛面花岗石围成一圈，石上有喷泉孔，水从石孔中喷射而出。入夏的浮雕小广场常常聚集着成群的儿童嬉水。

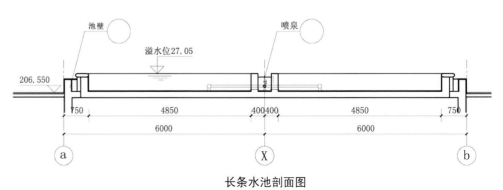

长条水池剖面图

浮雕墙

圆形的浮雕小广场内有花岗
石围成一圈，石上有喷泉孔，
水从石孔中喷射而出

浮雕小广场晨景

旱喷泉中嬉戏的儿童　　　　　　　　　　　浮雕小广场中心的圆冠形石块　　　　　　　　　　石块受到孩子们的青睐

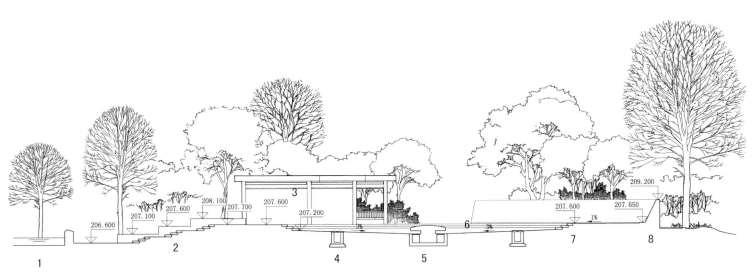

旱喷泉及浮雕小广场大剖面图

1-长方形水池；
2-跌落花坛与台阶；
3-休憩花架；
4-弧形喷泉带；
5-中心喷泉石；
6-喷泉水池；
7-台阶；
8-大理石浮雕墙

花坛细部

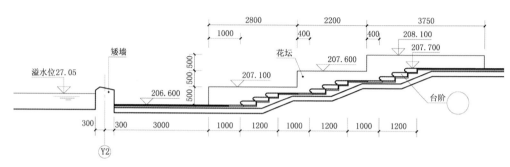

花坛及台阶剖面图

广场设计中对一些景观细部进行了处理。跌落花坛、台阶均采用整块石材，大圆弧形收边，避免直角花台与台阶边对嬉戏儿童的伤害。广场铺地材质有所区分，特别是在旱喷泉水池边的铺地采用了100mm×100mm粗面弹石的铺面，既增加了地面质感的变化又能起到防滑的作用。旱喷泉水池中的弧形喷泉带采用了石面"打荒"的处理，带状粗糙的石面在平整的池面中很有力度，遗憾的是建成不久便被更换成了排水雨箅式的石带。

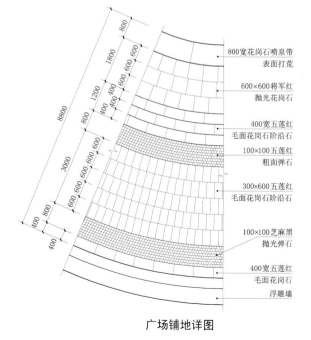

800宽花岗石喷泉带
表面打荒

600×600将军红
抛光花岗石

400宽五莲红
毛面花岗石阶沿石

100×100五莲红
粗面弹石

300×600五莲红
毛面花岗石阶沿石

100×100芝麻黑
抛光弹石

400宽五莲红
毛面花岗石

浮雕墙

广场铺地详图

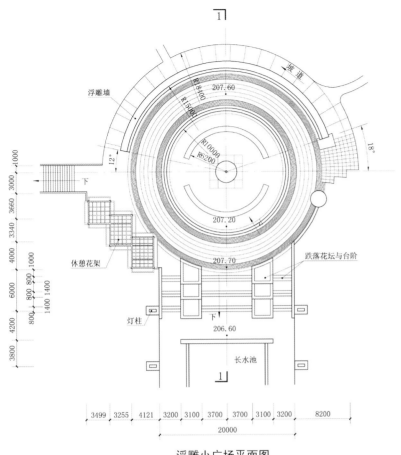

浮雕小广场平面图

从浮雕墙处看南入口广场

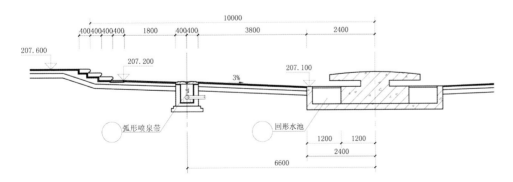

浮雕小广场1-1剖面图

南入口西侧植物景观环境

浮雕墙北侧绿化环境

休憩花架旁环境

浮雕墙背景

3）周边环境

广场周边现状条件较好，设计中除了充分利用地形、植被外，还结合场地改造进行了完善。拆除入口大假山后，原先被假山挡住的树丛全部露了出来。一是位于轴线西侧，特别是浮雕小广场西侧的绿化现状良好；二是轴线尽端几株大杨树。设计中除了避让外，还通过步道、台阶、石汀步穿插在这些绿化环境中，合理组织景观。轴线西侧地形难以调整，东侧地形按照轴线景观要求重新整理，增加了起伏感，也增补了一些乔木和灌木，使得轴线东西两侧环境相对均衡。

场地现状

4.2 银杏广场

4.2.1 现状评价和感受

　　银杏广场的场地形状呈南北向长条形，西侧边界与坡地相接，东侧以新调整的东主园路为界。东南角为通向公园路和市府广场的次入口。场地地形平坦，现状总体比较简单。广场主体是由一小片悬铃木小树阵组成的林荫广场，由于悬铃木较小，规格与高度也参差不齐，使得广场绿化氛围没有形成。地面由混凝土人行道板铺就，凹凸不平，略显粗陋。广场上也没有设休息凳椅。场地中部的西侧有一处占地300多平方米的碰碰车游戏场，短期内不会拆除。场地北端有一排平房，现为公园动物园的临时场地，环境较杂乱。除了悬铃木小树阵外，场地中的其余植物栽植凌乱，由于管养与土壤条件的原因，长势均不佳。总体来看，场地上留下的东西基本都难以利用，但是周边的现状植被环境不错：南面有已建成的南入口浮雕小广场，东面和东南面是成排的高大杨树，北面成片的树丛郁郁葱葱。

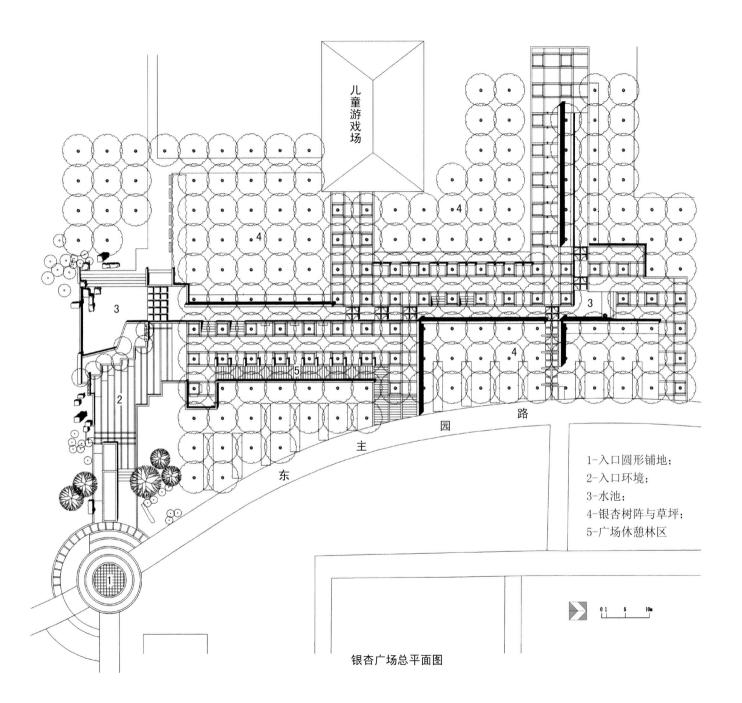

儿童游戏场

东   主   园   路

1-入口圆形铺地；
2-入口环境；
3-水池；
4-银杏树阵与草坪；
5-广场休憩林区

0 1   5   10m

银杏广场总平面图

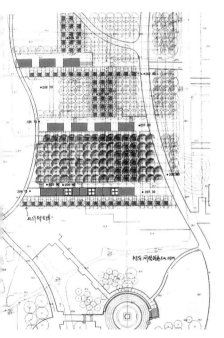

广场最初方案

4.2.2 设计指导思想

从总体上看，银杏广场虽然是城市广场群的一个部分，但是因其处于公园较纵深的环境之中，应避免与拥有大面积硬质铺地的市民广场、文化广场等集会广场相雷同，而宜采用硬质与软质空间深入交融的绿化休憩广场形式。在公园总体规划中，这块场地拟种植槭树类的秋季红叶树种，以突出红石公园的"红"色主题。后来因为苗源的问题，树种被改成了银杏，并且在方案还未定稿的时候，甲方已将间距6m、胸径15～20cm的银杏树阵栽好了。因此，新的树网"现状"对广场空间形态的形成起到了决定性的作用。

考虑到银杏树阵"现状"的限制，设计采用了平面形式规整的方案，其中的所有园林景观要素，包括水面、铺地、绿化、条凳等都是严格按照网格的尺寸与节奏加以布置。虽然设计总体上是规整的，但是，改造设计时希望在网格的框架下，从规整中寻求更多的变化，也希望通过更细微变化的表达，设计出较为精致、尺度适宜的公园休憩空间。这种想法来源于对传统园林空间的理解。实际上，规整并不是西方人的专利，无论规整还是曲折，怎样把这个空间做得具有场所感，简洁中富于变化才是我们所关注的。

银杏广场局部鸟瞰

广场局部鸟瞰

4.2.3 平面布局与空间结构

1）平面布局

　　银杏广场是以水线、树网为特色，由水面、草坪、树木等自然要素与硬质铺地等人工活动场地相互交织穿插的园林空间。最初的方案将场地从南到北分成东西向的三个大小不一的条带形小广场，其中的水面也是东西向布置，南北向的步道将这些小广场联系起来。后来，在现场调整了方案，仍然是三块广场，但是交错开来。最大的一块设在南面，并且向东与广场的圆形入口部分相接。中间一块因为受到相邻的碰碰车游戏场的限制，场地面积较小。最北面的一块面积最小。主要水线也调整为南北方向，通过高低错落的墙面以及水面将广场统一成一个整体。

水线　　　　　　　　　　　　　铺地与草坪　　　　　　　　　　　　　树阵

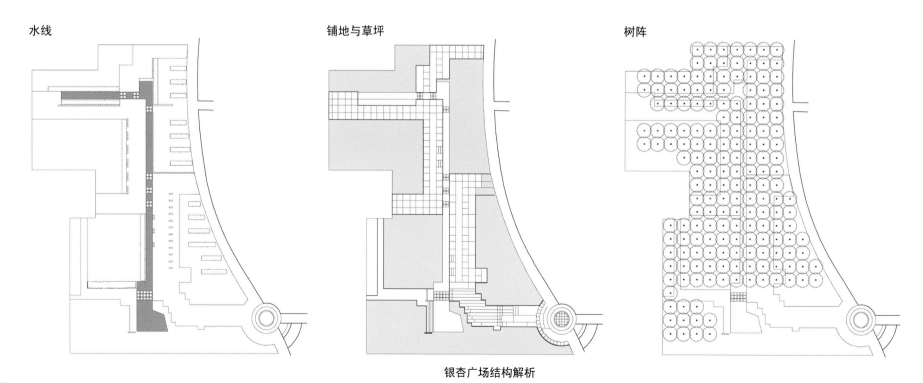

银杏广场结构解析

2）空间结构

规整的空间往往需要一种结构支撑，即使在做具体的水面、铺地设计时，我一直有一种比要素更高一层的空间结构要求：这一结构受制于网格，但又不完全局限于网格。既有结合网格的变化转折，又有讲究空间的质感变化。虽然受到树木网格的限制，但是广场空间中各种要素的穿插和变化以及广场与周围道路的衔接关系既兼顾到了网格，又表现出了一定的自由性。所以银杏广场空间既有规整感又有一些不经意间的错落变化感。

银杏广场的空间结构可以归结为"网"（间距6m的银杏树阵）、"线"（长条水池、连续的矮墙、长长的绿篱）、"面"（大片的草坪、成片的铺地）、"点"（景石、汀步、木凳、水纹石雕、台阶）几个结构要素，它们各具功能，叠加在一起时又形成广场整体空间。

银杏广场的空间结构

结构要素	设计要素	主要空间特征	空间分层
网	银杏树阵	均匀树阵形成的林冠层，夏荫与秋色	广场上的"顶"
线	长条水池	自然要素，倒影池，水渠的联想	广场中的"物"，视觉的、功能的
	连续的矮墙	坐憩设施，挡土墙，空间分隔物	
	长长的绿篱	自然要素，空间分隔物	
	成排的木凳	坐憩设施	
点	景石、石雕、汀步、台阶、树池	兴趣点	
面	大片的草坪	自然空间	广场下的"地"
	成片的铺地	硬质空间	

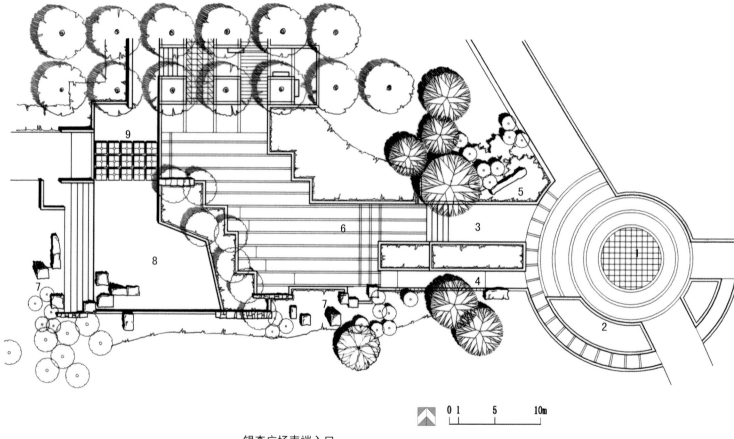

银杏广场南端入口

1-圆形铺地；2-环形坐憩空间；3-入口主步道；4-无障碍坡道；

5-入口标志石碑；6-入口铺地；7-石景；8-水池；9-汀步

4.2.4 广场设计

1) 次入口

广场东南角是红石公园的一个人行出入口，东主园路紧贴一侧与之相连。此处为银杏广场的入口空间，设计中作了如下处理：东主园路与次入口交接部分设计了一个直径近10m的圆形铺地作为入口空间，铺地由弹石与石板交替形成宽窄不等、质感相异的环带铺地风格，与东主园路路面形式保持一致。广场入口两侧均作了处理，南侧依圆形铺地向外扩展成弧形坐憩区，有一片现状小树林在其上形成树阴。北侧保留了几株现状树木，由于地势较高，边缘用料石挡土墙围护，其下横卧一块银杏广场标志石。

由圆形铺地进入，入口步道与无障碍坡道分列种植池两侧。步道南侧点缀了一组置石景。

广场入口铺地与水池鸟瞰

南端入口景观细部处理

细节上的处理会使得园林空间相对精致。入口空间在铺地纹样肌理、种植池的边缘、地形高差护墙、坡道缘石等许多细节上均作了认真的设计处理，并且保持了风格的一致。例如入口圆形铺地中心采用了较为平整的600mm×600mm将军红花岗石火烧板，外围采用了肌理更为粗糙的100mm×100mm芝麻灰弹石，其间又用300mm×300mm的芝麻白花岗石火烧板呈圆环带划分，形成了粗细质感对比的铺装纹理。这些细节的处理，增加了地面的图案感。

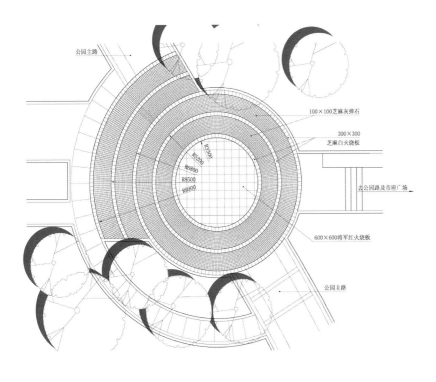

公园主路

100×100芝麻灰弹石

300×300
芝麻白火烧板

R2300
R5200
R6500
R9900

去公园路及市府广场

600×600将军红火烧板

公园主路

圆形铺地详细平面图

圆形铺地的质感变化

2）长条水池

　　由于银杏树网的限制，设计改造方案时曾考虑用线形的水面比较合适。主要长条水池选择南北向的目的：一是场地上南北两端都有些树形较佳的现状大树，用水面映衬会形成较好的景色；二是可以沿着广场的长轴方向布置，争取更多空间以保证水面的变化。由于水面大都规整，如果手法单一，形成硬池灌之以水，恐怕只能是一潭了无生趣的死水。为了避免水渠般水面的规整和长度过长造成的单调，设计中作了各种处理。譬如水岸，有的地方直接落于水中，有的地方与矮墙相结合，有的地方则采用了下水的台阶，而且所有的要素都在网格的空间模式里面收放变化。

长条水池倒影

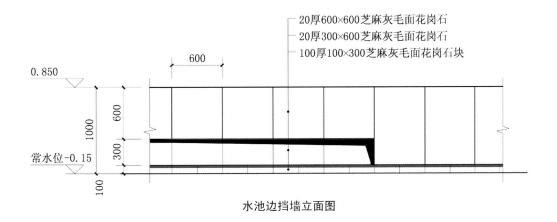

20厚600×600芝麻灰毛面花岗石
20厚300×600芝麻灰毛面花岗石
100厚100×300芝麻灰毛面花岗石块

600

0.850

600
1000
300

常水位-0.15

100

水池边挡墙立面图

水池边挡墙细部景观

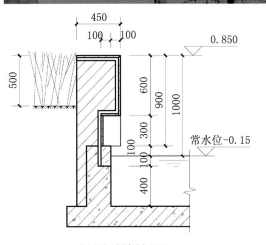

450
100 100

0.850

500
600
900
1000
300

100
100

常水位-0.15

400

水池边挡墙剖面图

长条水池

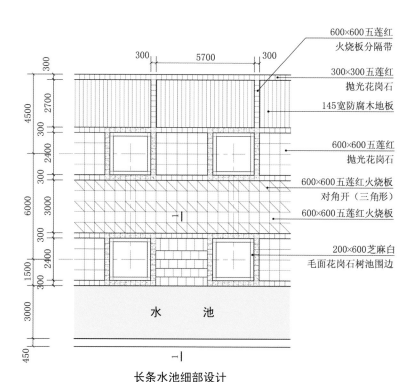

600×600五莲红
火烧板分隔带

300×300五莲红
抛光花岗石

145宽防腐木地板

600×600五莲红
抛光花岗石

600×600五莲红火烧板
对角开（三角形）

600×600五莲红火烧板

200×600芝麻白
毛面花岗石树池围边

水　池

长条水池细部设计

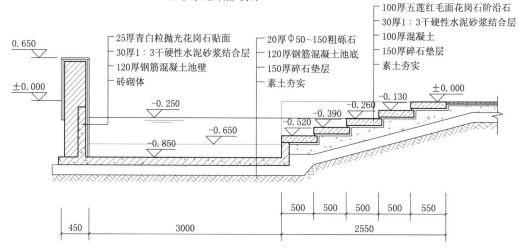

25厚青白粒抛光花岗石贴面
30厚1：3干硬性水泥砂浆结合层
120厚钢筋混凝土池壁
砖砌体

20厚Φ50～150粗砾石
120厚钢筋混凝土池底
150厚碎石垫层
素土夯实

100厚五莲红毛面花岗石阶沿石
30厚1：3干硬性水泥砂浆结合层
100厚混凝土
150厚碎石垫层
素土夯实

长条水池1-1剖面图

水岸边有的地方与矮墙相结合，有的地方采用了下水的台阶，避免水面的规整和长度过长造成的单调，而且所有的要素都在网格的空间模式里面收放变化

长条水池细部

3）南端水池石景

长条水池的最南端设计了一个带斜边的较大水池，一来用以打破长条水面的规整性，二来为广场东南端入口空间增添水石景观。大水池的西岸设置了大台阶，西南角点缀了一组石块，与入口步道一侧的置石景相呼应。本来石块有设计要求，因缺乏有经验的石匠而终未能按设计加工。大水池与长条水池之间设有一条汀步型步道。

水池中的倒影

南端水池石景

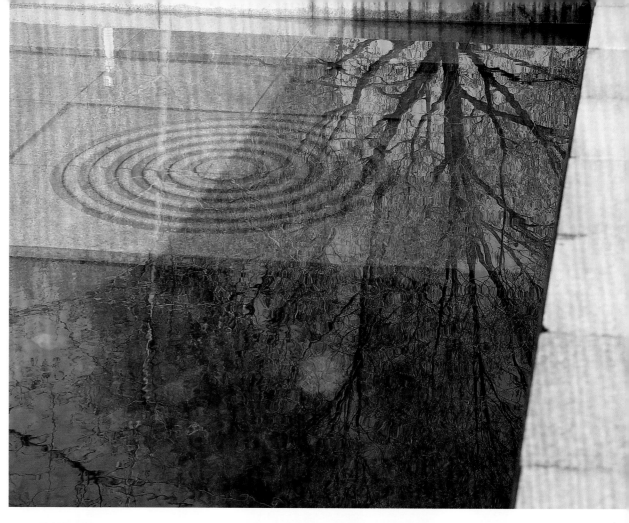

4）北端石刻——"泉"

"问渠哪得清如许，唯有源头活水来"，一个"源"字道出水之妙在于活。古称园无水不活，而这里的水当为有源头，有出口之活水。银杏广场中的水面是规整的，与传统理水手法不同，改造设计方案用了不同的方式表达泉源。在长条水池的北端，水面稍稍有所扩大。在下水台阶的平台上设计了一个没于水中，名为"泉"的水纹石雕。园林中的水景，实际上动静各具趣味。当水面平静时，静水倒影下隐约于水中的"水纹"，呈现了水的那种虚静、幽涵的特质。

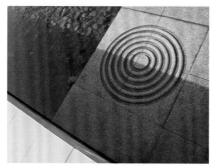

北端石刻——"泉"

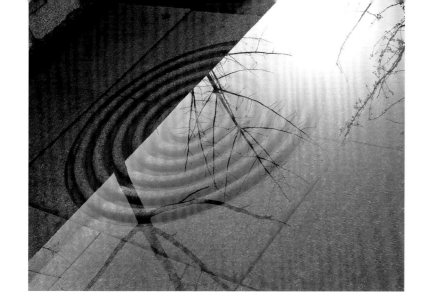

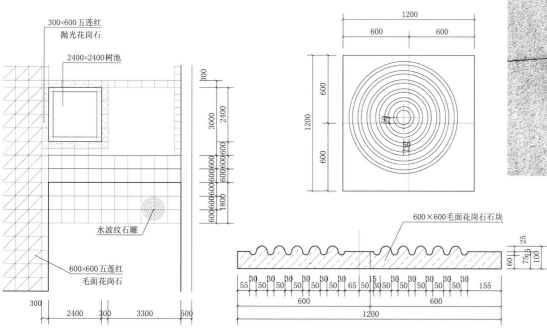

300×600五莲红
抛光花岗石

2400×2400树池

水波纹石雕

600×600五莲红
毛面花岗石

300　2400　300　3300　500

300　3000　2400　600 600 600 600 600 600 1800

1200

600　600

1200

600　600

600×600毛面花岗石石块

25
60　75 5　100

55 50 50 50 50 50 50 65 50 30 50 50 50 50 50 30 155

600　600

1200

石刻 ——"泉"详图

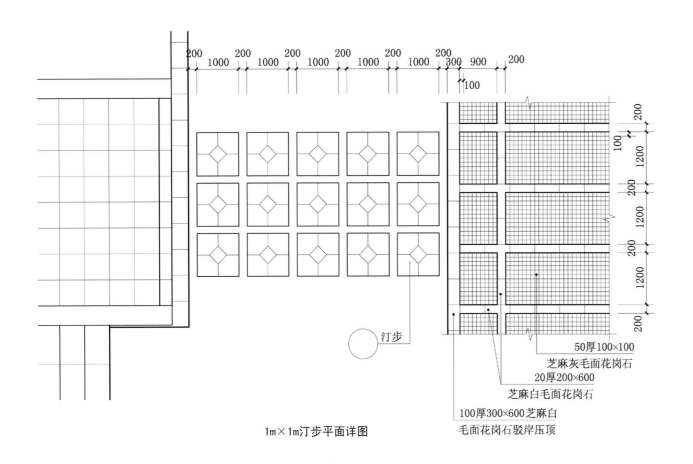

200 1000 200 1000 200 1000 200 1000 200 1000 200 300 900 200
100

200
100
1200
200
1200
200
1200
200
1200
200

汀步

1m×1m汀步平面详图

50厚100×100
芝麻灰毛面花岗石
20厚200×600
芝麻白毛面花岗石
100厚300×600芝麻白
毛面花岗石驳岸压顶

5）汀步

通常情况下布置汀步以自由为佳，不过在银杏广场这样的规整空间中，改造设计方案采用了规整的处理方式。方块是汀步的基本单元。一种类型是四块1.2m×1.2m的汀步组成一组，在广场水池中共有五处。它们既为游人提供水上穿行步道，也将长条水池水面进行了划分，避免了单调。另一种类型用于南端大水池较宽水面处，为1.0m×1.0m的方块，三块一排直列形成汀步型步道涉水而过，起到东西向的衔接。汀步设计最忌讳的是造成"强迫性"步距，使人在行走时难以自由落步。这种处理可以避免上述问题，既不妨碍步行，又便于驻足观景。汀步表面的铺地图案使得水面上有了更细微尺度的内容。

1m见方汀步，三块一排直列

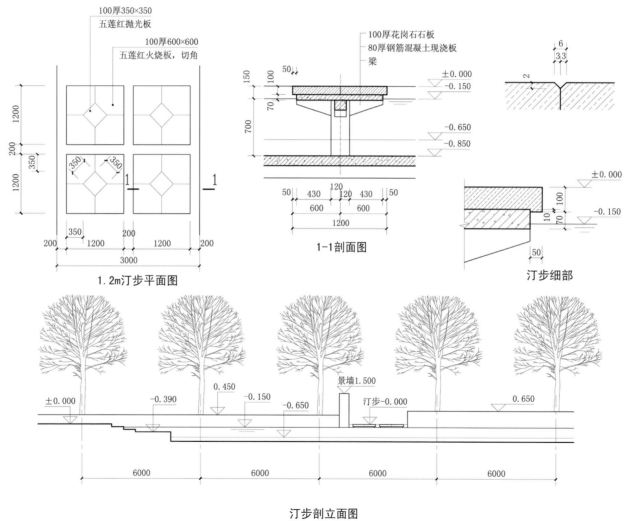

100厚350×350
五莲红抛光板

100厚600×600
五莲红火烧板,切角

100厚花岗石石板
80厚钢筋混凝土现浇板
梁

1.2m汀步平面图

1-1剖面图

汀步细部

汀步剖立面图

1.2m×1.2m汀步，四块一组

俯瞰木条凳

6）木条凳

广场上需要设置凳椅供游人休憩观景。木材是上选，但是在用料规格与防腐处理上有要求。木条凳有1.4m和1.8m两种长度，其设计造型简单，用了较粗的材料，以简易的榫卯结构拼接。原设计要求用户外防腐木料制作，外饰栗褐色调和漆。但是建设中没按设计要求制作，使用了未经处理的普通木材，成品恐经不住日晒雨淋，色彩也偏轻淡。在广场木步道部分成行设置了条凳，其余的木条凳均成排沿着水池或绿篱摆放。

木条凳细部

木条凳景观

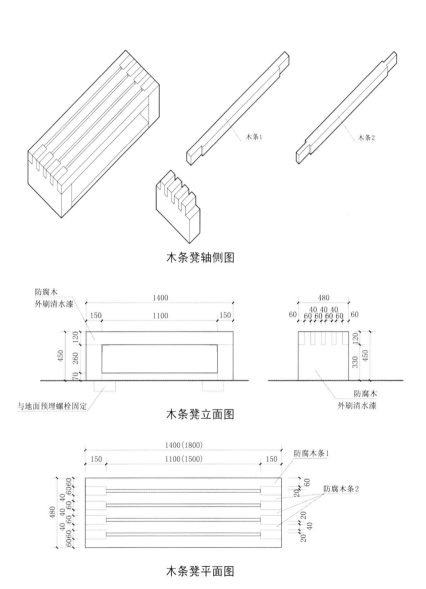

木条凳轴侧图

木条凳立面图

木条凳平面图

银杏广场周边环境

7) 绿化种植设计

　　广场面积不大，形状规整，绿化上采用了相对简单规则的种植形式：银杏树阵、成行树池、规整的草坪、沿边种植的绿篱。

　　广场周边的绿化环境较好，对广场环境空间起到了良好的衬托作用。

银杏广场周边环境

东岸湖滨广场现状

5 南湖东岸景观

南湖东岸景观与公园南入口轴线相平行，是城市广场群向西延伸的公园滨湖"亲水"空间带。作为公园中城市公共开放空间的一个重要渗透界面，东岸景观的改造既要展现现代城市滨水空间的特征，又要处理好新增景点与烟雨轩传统景点的衔接关系。东岸景观主要包括新建湖滨广场及滨水步道、烟雨轩景点改造、新建芦影平桥景点等内容。

5.1 东岸湖滨广场区

5.1.1 现场感受与现状分析

东岸湖滨广场位于公园南入口西侧。现状是一块比较杂乱的自然坡地。整个坡地上长满构树、蜀桧、柏木及其他杂木，一个简单的砖砌台阶穿越其中，通向水面。靠近南入口内广场设置了一块混凝土砖铺砌的生肖广场。广场设施简陋，其中的十二生肖石雕刻，体量都不大，高约60～120cm。石雕的形象与做工均不错，可以利用。生肖广场周围有几株高大的悬铃木，同样也是需要保留的。场地中还有一些高大的乔木，如杨树以及沿岸的垂柳。坡地南侧靠近鲁中西大街及鲁中大桥的地方高差较大，最西端高差高达5m，现状为毛石挡墙。这一地段的植被

南湖

1-烟雨轩；
2-鹿鸣岛；
3-夕照轩；
4-生肖广场；
5-游戏设施

东岸现状湖岸线

看上去虽然树丛芜杂，但却挡住了成片的挡土墙，同时也减少了来自鲁中西大街交通的干扰。因此，尽管离城市主干道最近，该地段却并不嘈杂，反倒有几分幽静。靠着鲁中路大桥，也就是整个地块的西南面，现状还有一些湖石假山，临水设有一个传统风格的扇面亭（夕照轩）。

　　湖滨广场到烟雨轩之间的空间可分为南北两段，总体上讲，南段比北段条件要优越。南段沿水岸设有简易的游船码头和一处临时性的服务小建筑。湖岸边广植垂柳，有些已成大树。垂柳数量总体偏多，挡住了从岸上看向湖面的视线。此段岸线过于曲折，有些水湾太小，难以利用现状形成较完整与有气势的滨水空间。湖岸岸坡上部林木茂密，是十分不错的沿湖植物景观，将来可望成为滨水步道空间的良好绿色背景。再向北即为东岸北段，岸边有一小岛，称为鹿鸣岛。岛上现状树木杂乱，摆放了几个造型欠佳的白色水泥麋鹿雕塑。烟雨轩南面有一片废弃的游艺设施场，有碍观瞻。北段植被没有南段丰富，坡地上有零星的几株大树。靠近鹿鸣岛的岸坡旁有一大块红板岩，品质虽不及红石谷，建设中仍宜保留。由鹿鸣岛到烟雨轩，此部分湖滨环境或岸线过曲，或岸坡过陡，需要整体考虑改造。

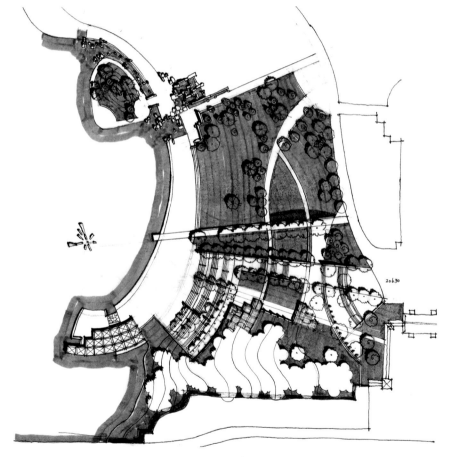

湖滨广场定稿方案平面图

广场设计方案模型

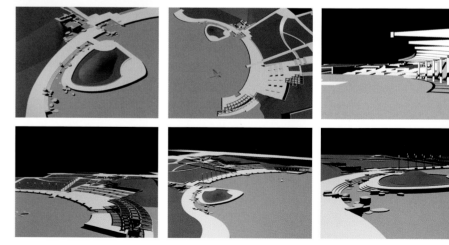

5.1.2 空间布局及游线安排

　　现场给人的总体感受是场地比较杂乱，但是潜质条件很好。由于这片坡地面向南湖湖面最开阔的位置，很适合作为一个非常开敞的广场空间，因此改造设计时将其设计为湖滨广场。在规划设计上，对这一地块有几点考虑：第一，作为南入口向西的重要渗透空间，湖滨广场要保证视线的畅通；第二，在形式上应与银杏广场一样，是绿化休闲型广场。既要有一定量的硬质铺地供游人活动使用，铺地面积又要有所控制；第三，湖滨广场本身高差较大，需要充分解决好竖向、景观及视线的关系问题。另外，湖滨广场向北需增添沿湖的滨水步道，处理好湖滨广场与烟雨轩的空间衔接关系。

广场空间分析

1. 湖滨广场是以湖面喷泉石景为焦点的弧线形现代广场，由层层大台阶形成的台地空间将人们引向南湖。

2. 小瀑布位于滨水步道内侧，背枕山坡林地，犹如山溪汇集成瀑。不仅增添了动感景观，也加强了山林与南湖的联系。

3. 鹿鸣岛位于滨水步道外侧的近岸，是观烟雨轩的前景，也是东岸自南向北的重要空间层次。

4. 大台阶面南湖依烟雨轩，因其位置突出，视线畅达，四周园景皆入眼帘，是游览线的高潮空间。

5. 烟雨轩一组建筑错落有致，金瓦粉墙掩映在垂柳丛中，成为滨水步道的终景

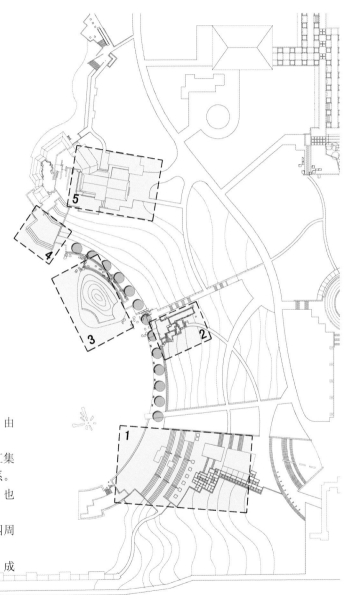

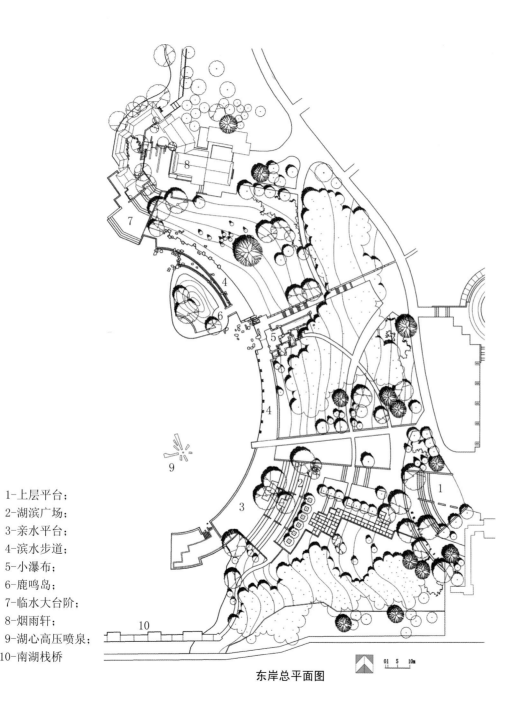

1-上层平台；
2-湖滨广场；
3-亲水平台；
4-滨水步道；
5-小瀑布；
6-鹿鸣岛；
7-临水大台阶；
8-烟雨轩；
9-湖心高压喷泉；
10-南湖栈桥

东岸总平面图

1）空间布局

湖滨广场设计中的空间引导是改造设计方案中备受关注的部分，既要将人们引向湖面的亲水空间，又要将人们的视线引向南湖沿岸的佳景。

作为向西渗透的空间，属于入口广场群的一部分，因此视线上必须要通透。重要视线通道上的杂木与长势不佳的乔木需要清除或移走。不管是用台阶还是用景物等手段，均应形成一个良好的引导空间，将人们吸引到湖边。因为场地有近5m的高差，需要考虑布置台阶与台地。面向湖面有高差是件好事情，相对于平坦的场地，坡地具有方向性，空间可以顺势而下，自然增添了空间的引导性。在解决高差的过程中还能够通过成组台阶的安排形成一种空间节奏。对于高差的处理，如果采用一个均匀的缓坡下去，或平分台地就会显得相对单调，在湖滨广场复杂的现状条件下不是很合适。因此，改造设计时希望形成一个非均质的台地空间，在整体上能够很好地糅合到景观营造之中。

公园面向鲁中路大桥的观景面不是太好，希望人们从湖滨广场下到亲水平台后不要有太多往南看的机会，而应将视线向北引。由于从亲水平台的位置观看湖景，公园的主要景色都分布在其西、北两面，包括双亭、烟雨轩以及远处的荷塘与双龙拱桥等。《园冶》兴造论中有段话说得好："极目所至，俗则屏之，嘉则收之，不分町疃，尽为烟景。"在亲水平台设计中如何达到这一点？不但在平面布局上，在实体空间中还要进行引导。原方案中的亲水平台要长些，顺着大弧线向南伸挑到湖中近10m，并在伸出去的平台上设计了一个现代风格的观景建筑，以替换现状的夕照轩。其中的一个目的就是挡住南侧不太好的视线，引导广场中的人们往北看。如果原方案得以实现的话，从挑出的平台上看湖景比现在不挑出去的位置要更好，而且经由观景廊榭后面的通道转到南湖栈桥上，这样做在空间收放上更加有利。由于种种原因这一设想没有实现，不能不说是此次改造中一个较大的遗憾。

从南湖水面望湖滨广场

　　广场下层台地是一组面水的
弧形观景台阶，弧形大台阶中穿
插了一些树坛以保留场地上的大
树。此外，广场用了弹石铺地，
形成一种细微的地面空间变化

广场台地空间一

广场台地空间二

2）游线空间

当人们通过湖滨广场进入水岸空间后，如何连接滨水空间？我想应该考虑"一南一北"两个不同的问题。向南交通要通畅，但是视线不应太敞；相反，向北视线要通透，但是交通不宜太畅。

（1）向南形成一条交通观景道路。红石公园中的游人原先必须要经过双龙桥才能到达西岸，使得公园南部整体游览路线不顺。我在第一次市政府方案汇报中就提出要在南门主入口的地方解决东西两岸的连接问题，当时甲方没有接受。二期改造的时候他们觉得这一想法很实用，决定建步行栈桥。关于桥的选址，我有这样的考虑：其一，交通的需要，适宜向南；其二，南湖水面呈葫芦状，有些狭长，水面也不是很广阔，湖中段有需要保留的双亭及烟雨轩等景点，不宜破坏；其三，鲁中路大桥体量大，对公园景观有一定的影响。从以上几方面考虑将桥设在湖的南端，离现有拦水坝较近。这样做，既为全园步行交通形成环路系统，使南湖西侧的景点得以充分利用，也为从南面最为纵深的视线观望湖景提供条件，同时还改变了鲁中路大桥下的水面与桥头环境。

（2）向北形成一条滨水休闲景观步道。滨水步道距离烟雨轩还有近200m的路程，怎么来处理？也就是说，有了观景条件以后还要有更有趣味的"游线"。我觉得，从湖滨广场沿着湖岸线到烟雨轩就不应该是一条简单的滨水步道。烟雨轩本身是一组有变化的相对传统的建筑，设计中应该兼顾到广场和烟雨轩的关系，使得从湖滨广场到烟雨轩不能像现状那样相互断裂开来，应该有一气呵成的感受，是一个完整的，同时又是变化的空间。这一想法不是在一开始就形成的，而是经过了公园二期以及烟雨轩改造工作等不断深入思考后的结果。

（3）从广场到烟雨轩这条滨水游线始于观景大台阶。沿着观景大台阶向北走，右侧结合地形设计了小瀑布跌水景。步道在此变窄，并被打断，空间有所收缩。经过跌水景后沿步道左侧是改造后的鹿鸣岛。岛屿相对独立，在岛屿与滨水步道之间设计了一条水带，其中零星点缀了一些石块。这条水带看上去与湖水相连，实际是分开的，供儿童戏水之用。再往北，宽阔的滨水步道与烟雨轩南面的大坡地相接，坡脚处用错落的红板岩堆叠成石景收边。人们就可以沿着鹿鸣岛的沿湖步道直接走到烟雨轩前的临水大平台。这种空间收放与景观变化反映在空间大小和步道的形式上：有的地方规整，有的地方自然；空间上有曲折、景观面也有变化。通过以上的空间处理，从手法现代的广场较自然地过渡到烟雨轩相对复杂和传统的庭院环境，滨水的步行游览空间因此而显得生动有趣了。更为重要的一点是：从南入口空间到作为南湖主导性空间节点的烟雨轩之间形成了一个整体。

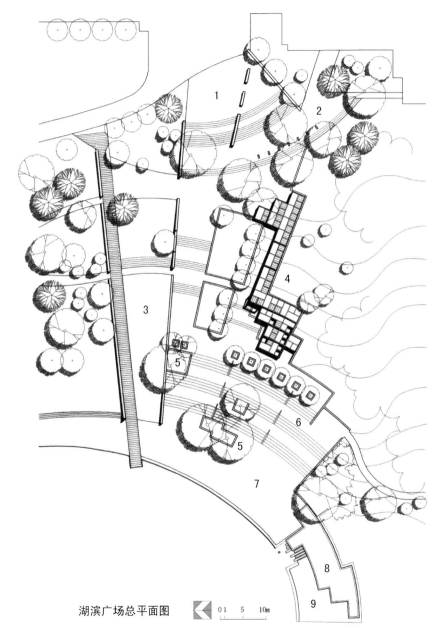

湖滨广场总平面图　　01　5　10m

1-上层平台；
2-生肖广场；
3-木坡道；
4-梯云廊；
5-现状树种植池；
6-弧形大台阶；
7-亲水平台；
8-夕照轩（规划）；
9-水中观景平台

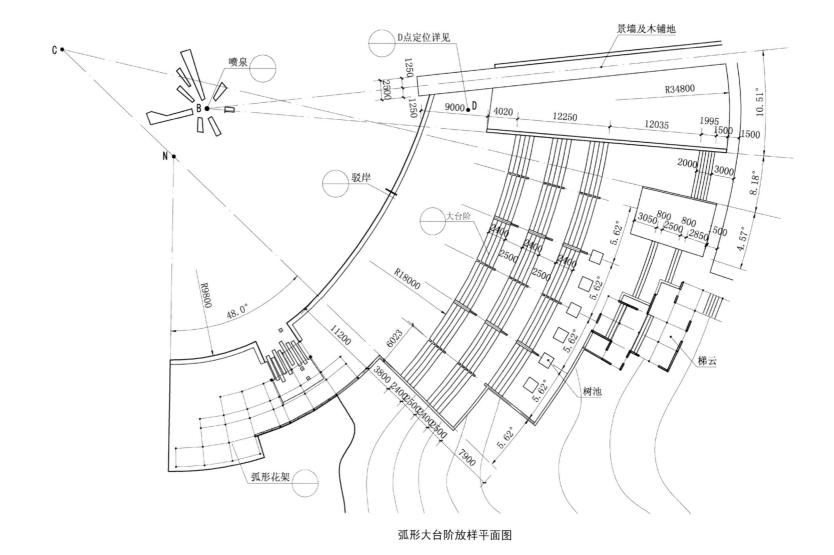

弧形大台阶放样平面图

5.1.3 湖滨广场与滨水步道设计

湖滨广场是一个台地广场，随着层层台地进入亲水平台而临近水面以后，再往北走与滨水步道相接，形成一个"L"形的亲水硬质空间。背水部分是茂密的植物景观，这就是湖滨广场区的典型空间特征。

　　1）广场台地空间

湖滨广场用了比较规整的现代园林构图方式：弧线加放射线，放射线可以形成聚焦的空间，弧线可以形成流畅的空间；在铺地和台阶之中穿插了大小不一的绿地、种植台或花池。作为公园环境中的广场，硬铺地要适度，绿地与铺地、台阶、建筑应该做到有机结合。

台地广场在空间的大小、收放、划分上有进一步的考虑。广场的台地空间共分为三层，最上层台地安排为生肖广场，重新利用了原来的十二只生肖石雕。下了台阶为中层，广场铺地分两边，中间布置了种植台。两边步道也分别作了处理，左边是可以供残疾人使用的斜坡道；右边是台阶，依台阶北侧做了跌落的景墙。广场下层台地是一组面水的弧形观景台阶，弧形大台阶中穿插了一些树坛以保留场地上的大树。此外，临水广场用了弹石铺地，形成一种细微的地面铺装变化。广场最北面是一条绿带和一直通向水面的木步道。矮墙、木步

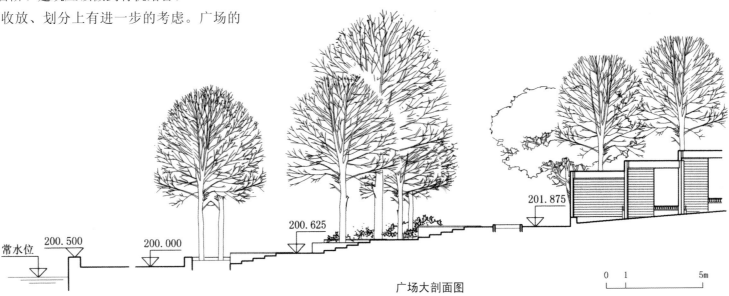

广场大剖面图

道、"梯云"小建筑等都是按照放射线的方向布置，而台阶则沿着大弧线向心布置，不管从哪个方向走到亲水平台都很容易看到湖中的喷泉。同时，从广场下到亲水平台设计创造了多种方式，例如，孩子们可能顺着坡道冲下去，老年人可能喜欢从木平台缓缓地走下去，年轻人可能沿着台阶走下去，也可以从"梯云"廊中穿过去，这样就给了人们更多的选择。考虑不同的使用方式是非常重要的，增加了空间行为的变化性。广场设计中考虑了一些细部处理。局部的复杂和整体的空间秩序并不矛盾。

台地细部

挡墙与台阶

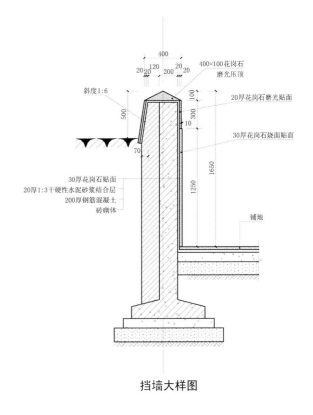

挡墙大样图

400×100花岗石
磨光压顶
斜度1:6
20厚花岗石磨光贴面
30厚花岗石烧面贴面
30厚花岗石贴面
20厚1:3干硬性水泥砂浆结合层
200厚钢筋混凝土
砖砌体
铺地

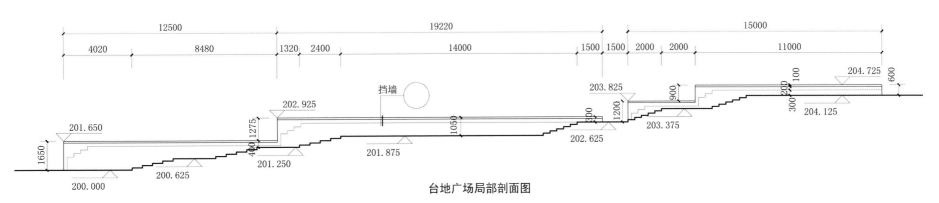

台地广场局部剖面图

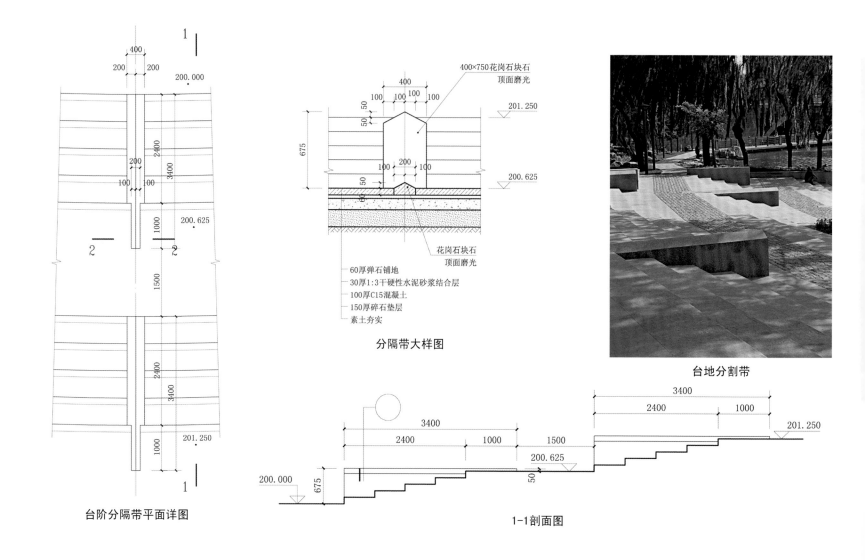

400
200 200
200.000

400×750花岗石块石
顶面磨光

400
100 100 100 100
50
50
675
50
201.250

200
2400
3400

100 200 100

200.625

200
100 100

50

花岗石块石
顶面磨光

60厚弹石铺地
30厚1:3干硬性水泥砂浆结合层
100厚C15混凝土
150厚碎石垫层
素土夯实

1000

200.625

分隔带大样图

1500

2400
3400

台地分割带

201.250
1000

台阶分隔带平面详图

3400
2400 1000

200.625

1500

3400
2400 1000
201.250

200.000
675
50

1-1剖面图

湖滨广场绿化环境

2）梯云廊

广场中层台地空间的南面是一个相对幽闭的空间，此处设计了一组随地形跌落的亭廊——"梯云"。园林建筑讲求"构园得体，精在体宜"，一个建筑虽然不见得非要有奇思妙想，但是摆布合理是基本要求。在此位置布置园林建筑既能限定广场边界，增加空间的层次，同时又可以进一步遮挡鲁中西大街挡土墙的影响。亭廊的建筑平面呈"L"形，立面依地形自东向西跌落形成竖向变化。部分建筑带顶，部分漏空。梁柱为钢筋混凝土，木材用于分隔和装饰。从生肖广场拾级而下，可以看到亭子的梁柱景框正好将南湖西岸的蓬莱岛与双亭收入画面之中。虽然不像传统园林里的对景那么纯粹，但却是公园中景与景之间相呼应的一种方式。梯云廊的设计在形式及组合上有些尝试，希望体现园林建筑的现代气息。

"梯云"廊迎台阶侧景观效果

"梯云"实景一

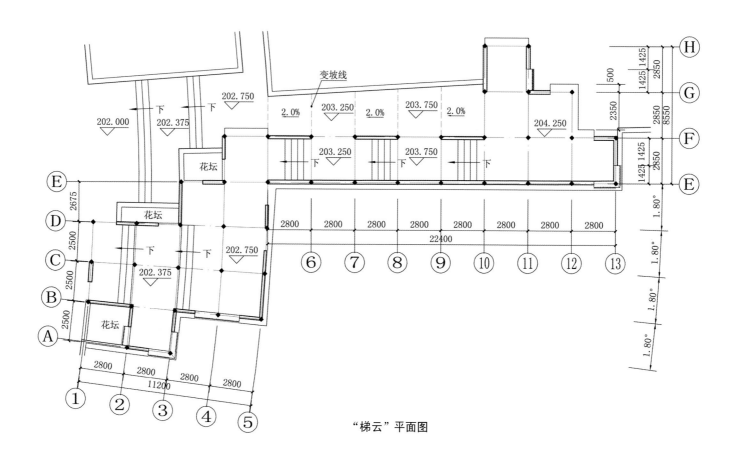

"梯云"平面图

"梯云"实景二

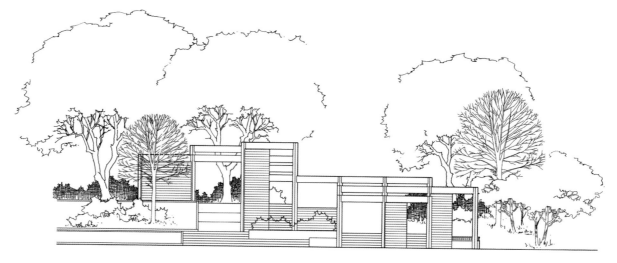

"梯云"西立面图

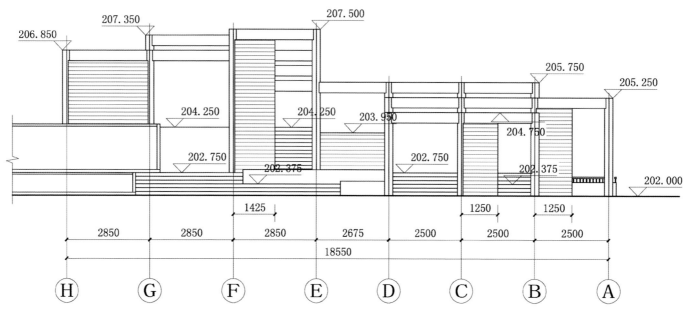

"梯云"西立面标高与尺寸

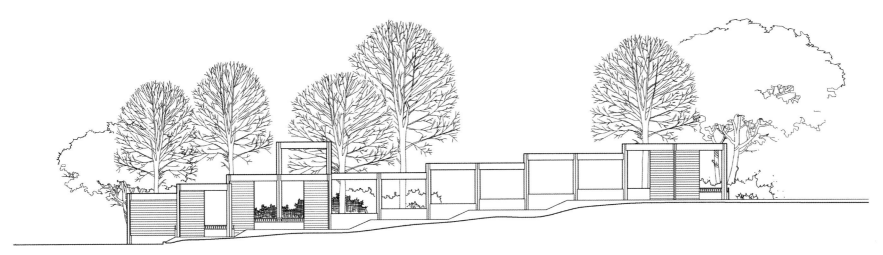

"梯云"南立面图

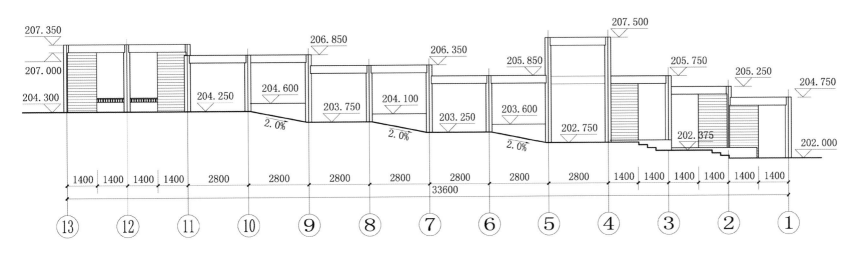

"梯云"⑬-①轴立面标高与尺寸

"梯云"廊局部景观

"梯云"廊的框景

从生肖广场拾级而下，可以看到亭子的梁柱景框正好将南湖西岸的蓬莱岛与双亭收入画面之中，虽然不像传统园林里的对景那么纯粹，但却是公园中景与景之间相呼应的一种方式。

3）亲水平台

建成的亲水平台没有原方案的长。亲水平台所处的现状湖岸岸线过于曲折，水湾太小，与较大尺度的城市广场群及宽阔的南湖湖面不相吻合。设计中采用了一条简单、流畅的大弧形岸线和非常平整的弧形连续空间以表达现代城市滨水的气氛。亲水平台面积较大，面水而背依弧形大台阶，是公园重要的亲水空间，也可以开展各种小型公众活动。亲水平台近水缘设置了一组30cm高的石灯。夕照轩是保留的临水建筑，凭栏可观赏湖景。

根据最初的规划设想，夕照轩将北移至鹿鸣岛附近，与蓬莱岛双亭、烟雨轩一组风格相似的建筑群形成更加紧凑的公园水景空间。如果能按原设想实施的话，一方面可以为亲水平台向湖面的延伸让出空间；另一方面可以使得湖滨广场具有统一的风格。从建成情况来看，不动夕照轩是个遗憾。

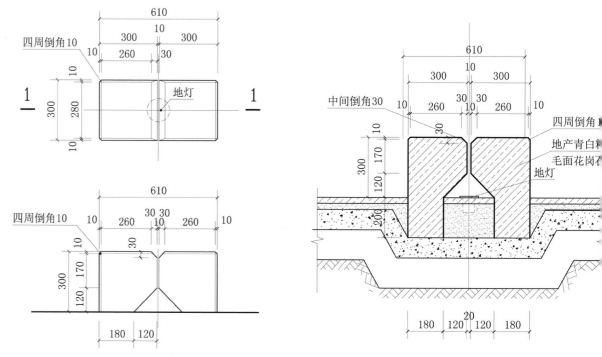

石灯平立剖面图

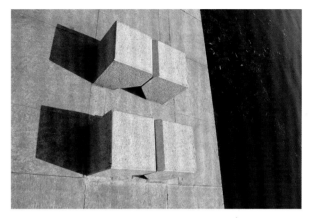

亲水平台细部

4）湖心高压喷泉

湖滨广场空间如果要向湖面渗透，在湖面上应有作为焦点的景物以吸引人们的视线。湖滨广场是一个弧形的空间，湖面焦点上布置了高压喷泉作为吸引视线的景物。考虑到喷泉不喷时湖面景观仍然需要有景物，在这个集中点上围绕喷泉水景作了石景设计。石块有卧有立，自然错落地沿着圆台座布置，但可惜的是对石材的加工没能跟得上，完成后效果并不理想。

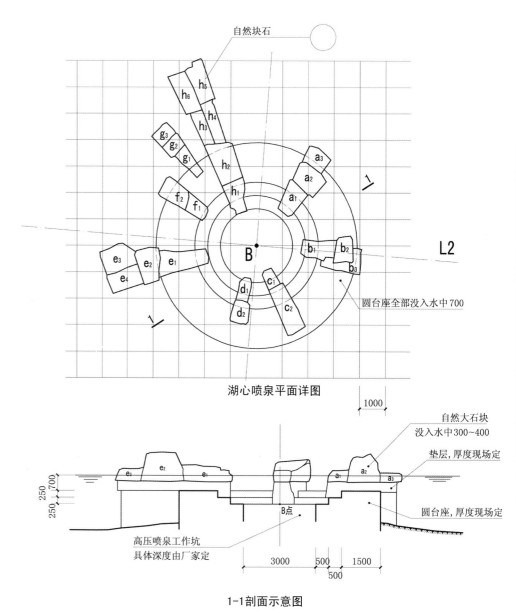

湖心喷泉平面详图

自然块石

圆台座全部没入水中700

1-1剖面示意图

自然大石块没入水中300~400

垫层，厚度现场定

圆台座，厚度现场定

高压喷泉工作坑具体深度由厂家定

湖心喷泉实景

湖心喷泉水景

南湖栈桥

5）南湖栈桥

　　南湖栈桥的设置对沟通南湖东西两岸是十分有益的。栈桥的最初方案是从减少鲁中西大街大桥对公园的影响以及与鲁中西大街大桥南面的规划绿地相衔接的角度考虑的。该方案设计将鲁中西大街大桥下的水坝向北退10m，争取的空间布置桥面与绿地。由于步行桥桥面降得较低，现有南湖大坝的水面滚落下来形成水瀑。如果要按这个想法做效果会更好些。但是，由于工程费用的原因，方案没有被采纳。最后选定了与鲁中路大桥完全平行的直桥，并且直桥位置尽量往南贴近大桥柱墩。

　　关于桥头两端空间的处理上，由于东岸没有空间，也没有必要做其他的处理，桥宜直接与岸衔接。改造方案希望人们从湖滨广场下来的时候，在南面尽头的地方发现有一座桥可以通往西岸。于是在西岸桥头作了一些处理，桥在近西岸的部分改为折线方式，并设置了一伸向湖面的观景木平台。此处有公园最长的视景线，南湖主景烟雨轩及双龙桥由此观望角度最佳，湖景尽收眼底。同时此处也是公园中较僻静的地方，掩映于岸畔柳枝之中，是一个非常舒适的"软边界"，一个很好的驻足观景的位置。桥本身设计简洁，做了一些细部处理。例如桥面外缘的芝麻白花岗石收边在深蓝色湖水的衬映之下，将栈桥的轮廓清晰地勾勒了出来。桥的西侧折桥部分，折和折之间用当地的青白粒自然块石进行连接，形成一种变化的步行节奏。

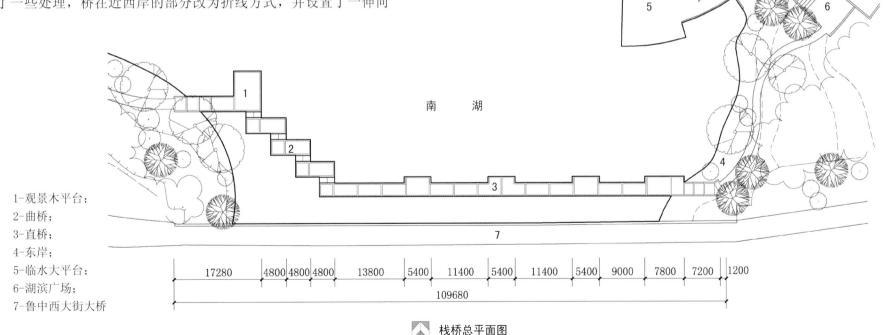

1-观景木平台；
2-曲桥；
3-直桥；
4-东岸；
5-临水大平台；
6-湖滨广场；
7-鲁中西大街大桥

栈桥总平面图

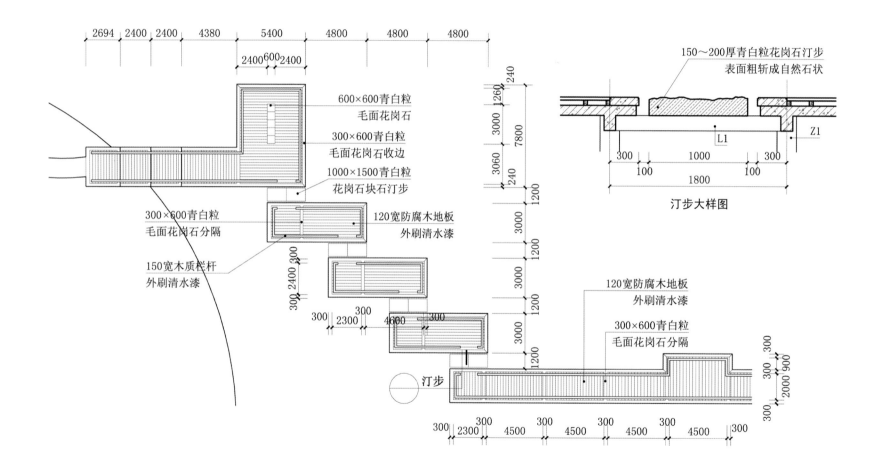

2694 2400 2400 4380 5400 4800 4800 4800

2400 600 2400

600×600青白粒
毛面花岗石

300×600青白粒
毛面花岗石收边

1000×1500青白粒
花岗石块石汀步

300×600青白粒
毛面花岗石分隔

150宽木质栏杆
外刷清水漆

120宽防腐木地板
外刷清水漆

150~200厚青白粒花岗石汀步
表面粗斩成自然石状

240

L1   Z1

300   1000   300
100   100
1800

汀步大样图

240
3000 1260
7800
3060
240
1200
3000
1200
3000
1200
3000
1200

300 2400 300

300 300
2300

300 300
4600

120宽防腐木地板
外刷清水漆

300×600青白粒
毛面花岗石分隔

汀步

300 300
2000 900
300

300 2300 300 4500 300 4500 300 4500 300 4500 300

南湖栈桥局部平面图

南湖栈桥

小瀑布跌水景

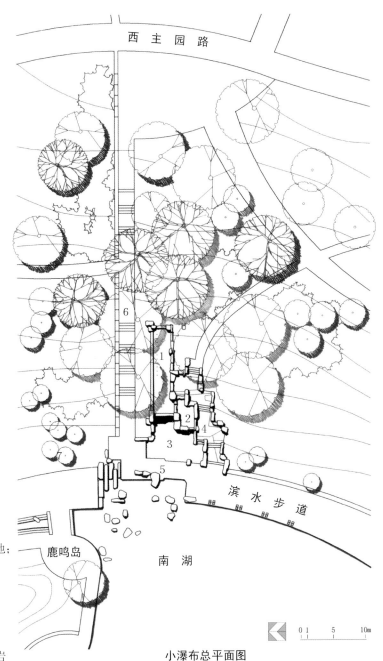

西主园路

鹿鸣岛

滨水步道

南湖

1-上层主瀑布水池；
2-次瀑布水池；
3-水潭；
4-自然踏步道；
5-汀步；
6-步道；
7-现状红板岩露岩

01 5 10m

小瀑布总平面图

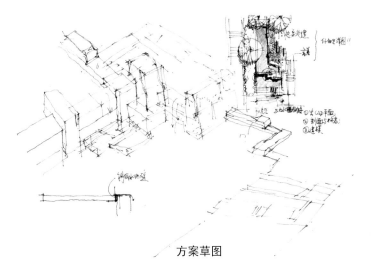

方案草图

6）小瀑布

小瀑布与鹿鸣岛都是丰富滨水步道的空间节点。最初的方案中，小瀑布的位置更偏北些。由于与现场的红板岩相冲突，施工放线时重新在现场调整了位置。小瀑布背后的树林十分茂密，颇有山林之势，选址时特借地形之利。当时的愿望是想表达山林中的溪水汇集成瀑的景象，并最终注入南湖。虽然旨在丰富滨水步道景观，实际上也增加了山坡绿地与南湖大水面空间意象上的联系。

尽管这种自然瀑布水景的设计不是很好表达，方案本身做得比较仔细，也建模进行了斟酌。建成后的效果与原先的想法基本吻合，所选红板岩横向纹理叠石后容易形成统一感，色彩也容易与附近的红板岩露岩相协调。

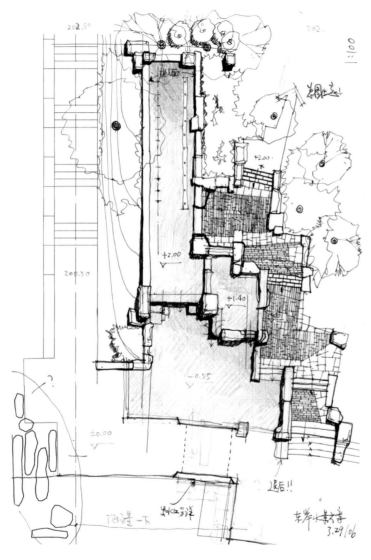

深化方案平面图

小瀑布立面图

　　小瀑布分两级落水，上层的主瀑布水池呈长条形伸向林中，池内设有一"线泉"。水潭平面曲折，近瀑布落水处石块露出水面以增加瀑布的溅水效果。水潭设计的较浅，既出于安全考虑，也可供儿童涉水。水池南侧设有自然踏步蹬道以连接茂林下的园路，同时也可近观上层水池水景。

　　滨水步道在该景点处不再流畅，路变窄，有转折，设汀步，分叉多，设计希望人们在此逗留观景。由于滨水步道整体宽阔，此处空间上的收缩也不会影响到人流交通。

小瀑布水景

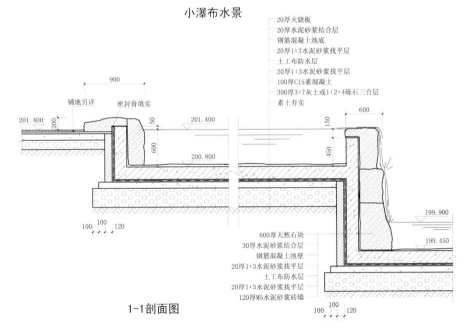

20厚火烧板
20厚水泥砂浆结合层
钢筋混凝土池底
20厚1:3水泥砂浆找平层
土工布防水层
20厚1:3水泥砂浆找平层
100厚C15素混凝土
300厚3:7灰土或1:2:4砾石三合层
素土夯实

900

铺地另详　密封膏填实

201.400　　201.400

200.800

600

150

600

201.400
200
50

450

199.900
199.450

100　100　120

600厚天然石块
30厚水泥砂浆结合层
钢筋混凝土池壁
20厚1:3水泥砂浆找平层
土工布防水层
20厚1:3水泥砂浆找平层
120厚M5水泥砂浆砖墙

100　100　120

1-1剖面图

小瀑布周边环境

大草坡上的石汀步

小瀑布北侧的步道

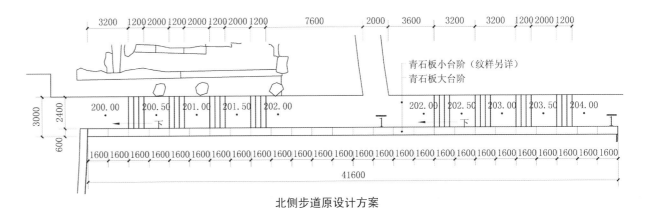

北侧步道原设计方案

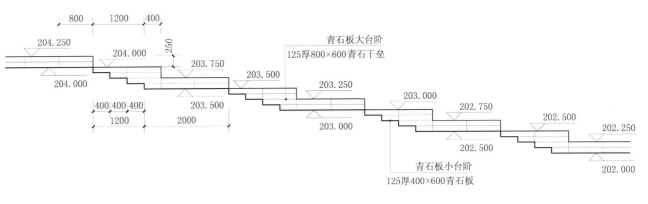

北侧步道1-1剖面图

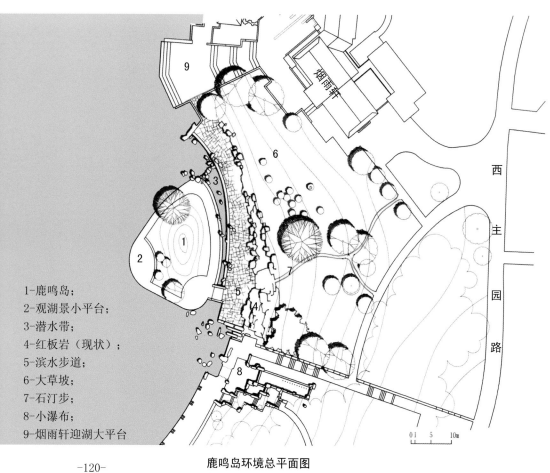

1-鹿鸣岛；
2-观湖景小平台；
3-潜水带；
4-红板岩（现状）；
5-滨水步道；
6-大草坡；
7-石汀步；
8-小瀑布；
9-烟雨轩迎湖大平台

西主园路

烟雨轩

0 1 5 10m

鹿鸣岛环境总平面图

岛上一角

7）鹿鸣岛

鹿鸣岛由于突出于湖岸线之外，一方面形成较好的观景位置；另一方面也丰富了湖岸线线形。因为烟雨轩位于南湖东岸的腰线上，沿滨水步道自南向北观看烟雨轩，鹿鸣岛是一个重要空间层次。为了与滨水步道的大弧线线形相一致，鹿鸣岛的平面形状也采用了圆顺整齐的弧线。环岛设有步道，局部步道扩展为小铺地空间供游人驻足观景，岛中间为地形稍有起伏的绿地。

鹿鸣岛全景

红板岩汀步及岸石

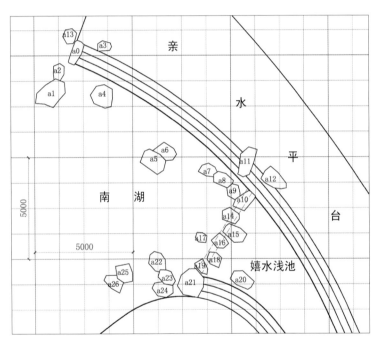

a组红石石组布局平面

红石公园以红石而著称，除园中自然形成的红石谷景观外，总体上希望有一条设计形成的红石景观带与之相呼应。滨水步道从小瀑布景点至烟雨轩临水大平台段，包括小瀑布水池、大草坡坡脚石、滨水步道铺地、沿湖点缀岸石、汀步等集中使用了红板岩。

鹿鸣岛红石组a组石块尺寸详表

编号	长（mm）	宽（mm）	标高（mm）	备注
a0	1200	480	500	
a1	1500	100	-100	
a2	800	550	900	
a3	950	400	200	净高
a4	1050	1050	100	
a5	900	1300	0	
a6	650	1000	700	
a7	600	750	-100	
a8	600	980	900	
a9	700	700	-200	
a10	1050	640	100	
a11	1500	700	500	净高
a12	780	1200	200	净高
a13	750	620	400	
a14	610	900	150	
a15	730	1150	130	
a16	610	700	600	
a17	480	570	700	
a18	630	720	150	
a19	430	770	100	
a20	700	1150	350	
a21	1300	1250	150	
a22	780	1020	800	
a23	700	910	100	
a24	700	1000	300	
a25	760	880	300	
a26	720	990	-200	

注：表中标高指距水面距离。

红板岩岩石景观

5.2 烟雨轩环境改造

5.2.1 现状评价和感受

　　烟雨轩建于20世纪80年代，金瓦白墙，主体坐落于南湖东岸近湖面的台地上，掩映于四周垂柳之中。烟雨轩是公园中的主要服务建筑，建筑占地面积550m²，局部两层。建筑西侧临湖设一水榭，由曲廊与主体建筑相连接，廊榭面积约130m²。从全园来看，烟雨轩是公园中保存良好，应该充分利用的重要景点之一。首先，烟雨轩选址恰当，位于南湖东岸一个较为关键的空间位置上，在南湖沿湖景点中具有一定的主导性。第二，整组建筑造型不错，错落有致，并且建筑沿湖被成丛的大柳树所环绕着。南湖的岸柳颇有特色，近看"垂柳万条丝"，远观"青青一树烟"，为沿湖景点增色不少。但是，烟雨轩也存在建筑与环境两方面的问题。

　　现场调查时，发现建筑外环境问题比较严重，主要问题在于没有处理好建筑与周围庭院环境，以及整组建筑与水面的关系。首先，烟雨轩主体建筑亲水性差，建筑与水面的关系，只用了一些狭窄、简陋的临时性台阶来处理。第二，建筑周围的环境处理过于简单，例如烟雨轩与延伸到湖面的廊榭之间的院落空间质量较差：没有围合，缺乏空间组织，总体上显得比较粗糙与简陋。第三，水榭与水面的关系不是很好。水榭旁的观景平台与水榭环境在设计上本身都有缺陷，使得水榭与水面的关系不亲切。建筑与环境应该是一个整体，尤其是在公园环境条件之下。因此，在南湖东岸改造的时候，将烟雨轩作为主要的景点空间环境来考虑。

5.2.2 设计指导思想

　　在设计之前首先确定了改造思路。第一，通过建筑外环境的改造形成不同个性特征的园林空间。园林建筑不同于普通建筑，其对环境有更高的要求。烟雨轩为传统形式的建筑，其庭院与庭园空间可以沿用这种风格，但是在空间组织上应结合场地现状条件，充分体现传统园林精神。既要精致，又要富有个性。第二，虽然是临水建筑，但是烟雨轩并不亲水。加强烟雨轩整组建筑与水面的联系，提高庭园部分与水面空间关系处理的艺术性。

烟雨轩

1～3　烟雨轩主体建筑；

4　曲廊与主体建筑相连的跌落廊；

5　临湖水榭与曲廊；

6～7　上层庭院；

8～10　下层庭院；

11～13　周边环境

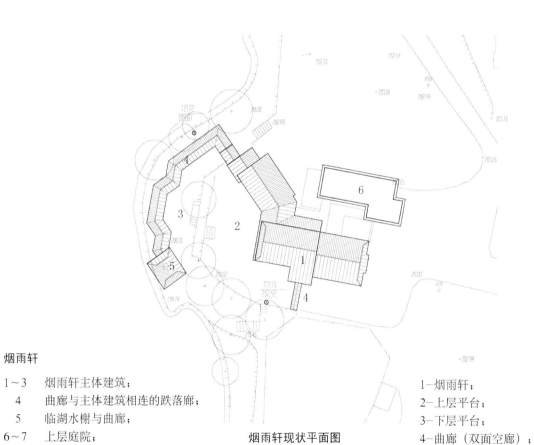

烟雨轩现状平面图

1-烟雨轩；

2-上层平台；

3-下层平台；

4-曲廊（双面空廊）；

5-水榭；

6-加建辅助用房

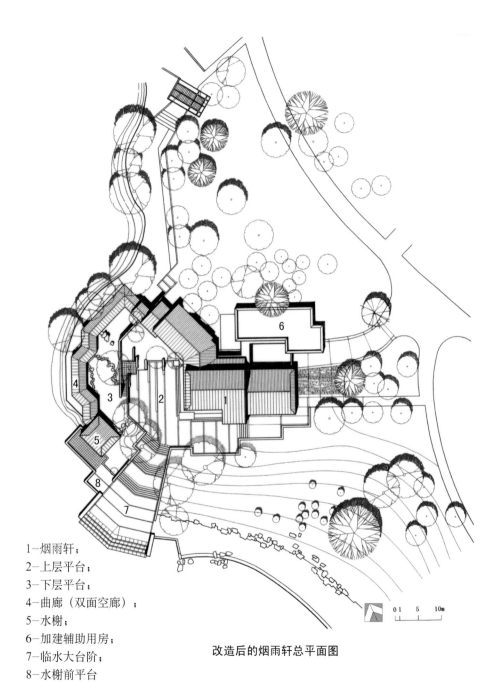

1—烟雨轩；
2—上层平台；
3—下层平台；
4—曲廊（双面空廊）；
5—水榭；
6—加建辅助用房；
7—临水大台阶；
8—水榭前平台

改造后的烟雨轩总平面图

5.2.3 烟雨轩环境改造设计

1）上层庭院与下层庭园

首先，对于曲廊与主体建筑之间围合的两层空间部分，改造设计时将其处理成两个不同性质的庭院与庭园空间，分别归属于上下层建筑。上层是烟雨轩的庭院空间，相对简洁，用了细条石和细条砖铺地，产生了细致的地面质感。下层庭园采用传统海棠纹卵石铺地。由于两个空间都比较小，用了一片墙面隔开了本来能相互通视的两个部分。墙面并不是很高，彼此可以通过墙上的空窗互相隐约见到。除了空间分隔，设置此墙有另外两个目的：第一是障景，实际上从上层平台西观湖面，景色恰好被曲廊屋顶和过密的柳枝遮蔽，所剩无几，已无美景可言，并不雅观。设置的墙面从上层庭院看只能算作一道矮墙，但是正好挡住了不佳之景。第二是给下层庭园创造一个完整的实墙作背景，产生较为封闭的庭园空间感受。由于庭园空间场地狭小，上下层空间的连接台阶顺着高墙设置，而不是沿用现状的"双分"台阶布置方法。

从南湖栈桥北望烟雨轩及其环境

烟雨轩上层庭院

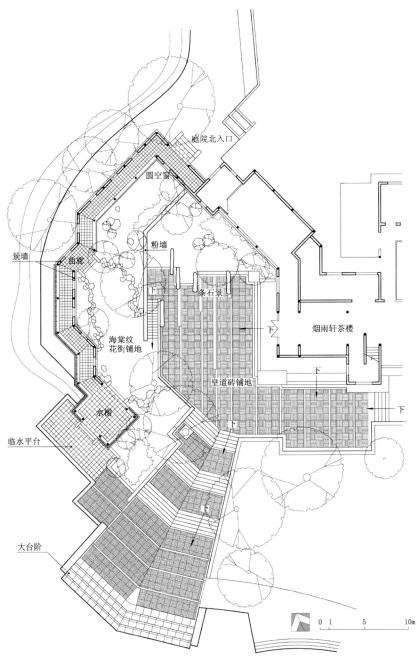

庭院北入口

圆空窗

粉墙

景墙

曲廊

条石景

海棠纹
花街铺地

烟雨轩茶楼

皇道砖铺地

水榭

临水平台

大台阶

0 1   5   10m

烟雨轩庭院平面图

下层庭园做得复杂些，主要与现状保留的曲廊有关。曲廊是一条双面空廊，虽然南湖的湖面景色不错，但是从庭园看出去显得有些通透与空旷。在设计中想通过曲廊的改造，将这一建筑要素作为分隔空间的工具，使得廊的两侧内（庭）外（湖）有别。廊子本身的大小与结构已不适合改造，但又要充分利用，为了达到内庭外湖的效果，将传统园林中的"复廊"手法作了简化处理应用于此处。首先，在廊的内外两侧分别交错设置了一段墙面，这样从湖面上就看不到内庭院。当走在廊子里时，其中一半只能看到内庭院，而另一半只能看到水面。其次，在这些墙面上还分别开了一些漏窗，使得两侧景色"隔而不绝"。尽管曲廊不是真正的复廊，但是颇有传统复廊的韵味，较好地处理了曲廊及其内外景色的关系。同时也加强了下层庭园的空间感，使得烟雨轩景点空间的变化更加丰富，空间的收放更加明显。

烟雨轩下层庭园

景墙

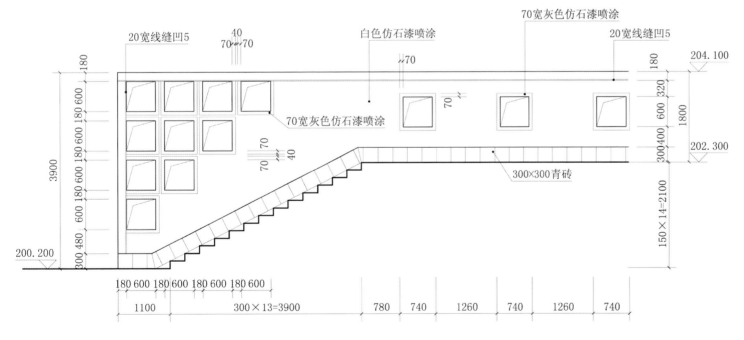

景墙立面详图

烟雨轩下层庭园

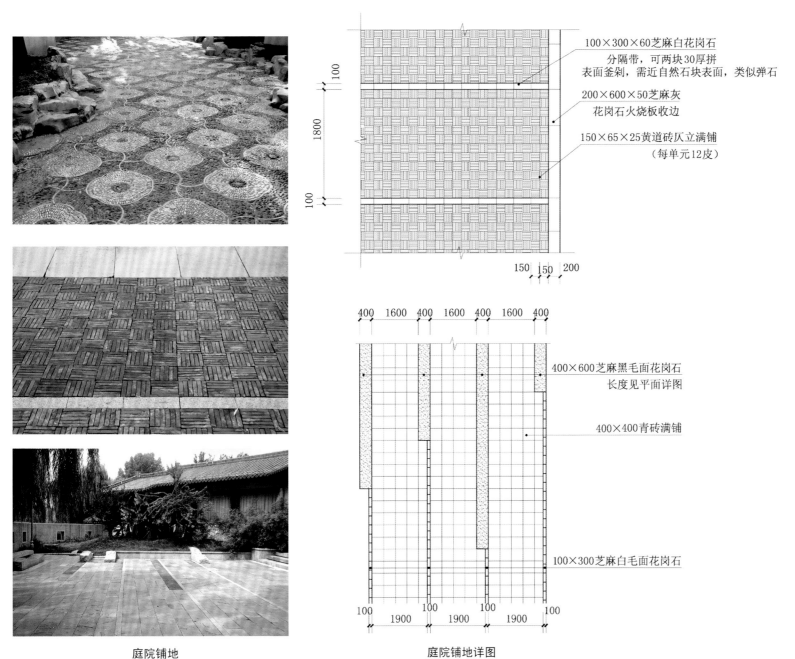

100×300×60芝麻白花岗石
分隔带，可两块30厚拼
表面釜剁，需近自然石块表面，类似弹石

200×600×50芝麻灰
花岗石火烧板收边

150×65×25黄道砖仄立满铺
（每单元12皮）

400×600芝麻黑毛面花岗石
长度见平面详图

400×400青砖满铺

100×300芝麻白毛面花岗石

庭院铺地

庭院铺地详图

2）水榭与曲廊部分

临湖水榭的最大问题是其地面距离常水位过高，无论从水中还是岸上看，水榭都很生硬地架在水面上，有一种被"吊"起来的感觉。这是临水园林建筑设计的大忌。虽然水榭南面有一个与之紧靠在一起的小平台，贴水倒是很近，但是位置偏、面积小，难以弥补水榭的缺陷。因为水榭不能动，常水面也是一定的，对于其间的高差，我在水榭前面设置了不大的平台，平台尽可能贴近水面，这样就解决了水榭与湖面自然过渡的问题。另外，水榭平台还与烟雨轩临水大平台相连接，与沿水岸的步道贯通成一体。

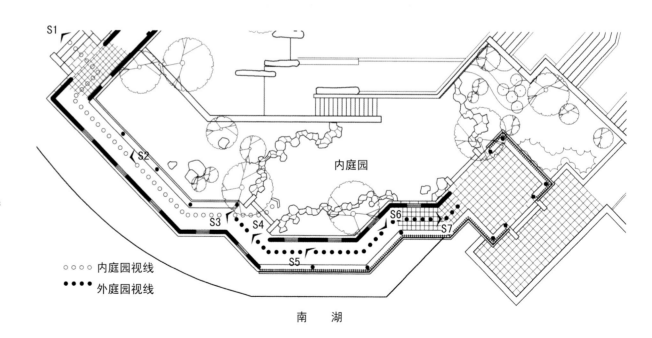

曲廊视线分析

S1-庭园北入口圆洞窗对景；

S2-内庭园；

S3-内外墙的交会处；

S4-内庭外湖；

S5-从外廊看湖景；

S6-透过景窗看内庭园；

S7-从水榭看外廊

○○○○ 内庭园视线

●●●● 外庭园视线

内庭园

南　湖

S1

S2

S3

S4

S5

S6

S7

曲廊视线景观分析（S1～S7）

烟雨轩临水平台景观

3）大台阶

解决烟雨轩主体建筑亲水性差的问题从哪儿下手呢？对这一问题进行了不同方案的比较。例如，如果从下层庭园部分穿过的话就过于曲折了（按照现状，这是最可能采用的方式），不太合适的原因是缺乏一种与南湖开阔湖面相呼应的畅快感受。经过仔细斟酌，最后决定从上层庭院直接下到湖面，面向湖面最宽阔的地方形成一个开口渐宽的"八字"形大台阶。大台阶在这里是一个比较关键的处理方式，设计中某些重要的方面解决好了，整个空间的视觉面就自然会被打开。

大台阶的处理采用了渐敞的开口与斜面的扶手墙，这个斜面和开口都是为了让游人从烟雨轩比较幽闭的空间，穿过层层柳枝之后能一下子见到宽阔的湖面景色。外八字形的台阶延伸到水面给人一种豁然开朗的畅快感受。开阔的空间起到了强烈的引导作用。传统铺地砖在这里得到了应用，使得建筑周围有与之相呼应的空间环境。

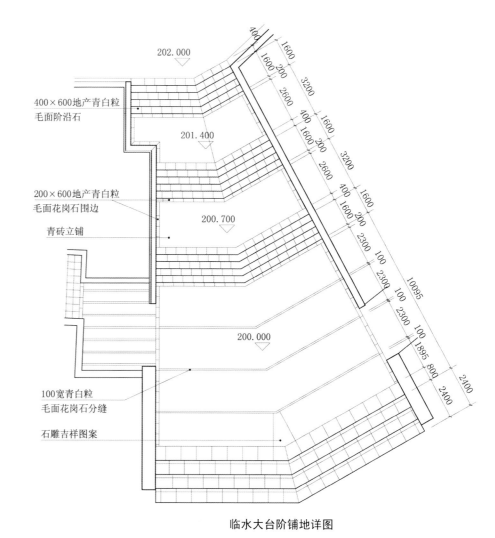

临水大台阶铺地详图

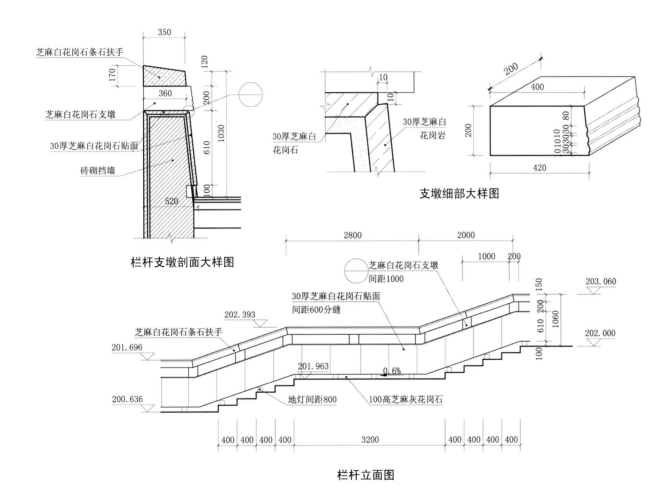

芝麻白花岗石条石扶手

170

芝麻白花岗石支墩

30厚芝麻白花岗石贴面

砖砌挡墙

520

栏杆支墩剖面大样图

350

120

200

1030

610

100

10

30厚芝麻白
花岗石

10

30厚芝麻白
花岗岩

支墩细部大样图

200

400

200

80

30 30 30

10 10

10 10

420

2800

2000

1000

200

芝麻白花岗石支墩
间距1000

30厚芝麻白花岗石贴面
间距600分缝

203.060

150

200

1060

610

202.393

芝麻白花岗石条石扶手

201.696

201.963

0.6%

100高芝麻灰花岗石

202.000

100

200.636

地灯间距800

400 400 400 400

3200

400 400 400 400

栏杆立面图

铺地及栏杆细部

临水大台阶（面南湖）

临水大台阶仰视

4）建筑

主体建筑本身没有问题，主要是整理建筑与环境的关系。建筑与环境的关系应该是一种互为映衬的关系，但是烟雨轩沿湖一侧垂柳过多，使其藏得太深。改造时去掉了几棵长势不佳的垂柳，让建筑有所显露。另外，把建筑南面的破碎地形整理成一个大缓坡，坡上种些桃花、樱花等小乔木，挡住建筑的坡脚。烟雨轩北侧的辅助用房在屋顶形式上与整组建筑不协调，改造时将平顶改成了盝顶。廊榭部分的框架保留，重新设计了挂落、凳椅、地面，增添了粉墙、漏窗等。

蓬莱岛远眺烟雨轩

烟雨轩整体外观

5.3 芦影平桥

5.3.1 现状分析

　　芦影平桥是南湖东岸的一个小景点，位于烟雨轩北面。在烟雨轩与双龙桥之间，沿湖原来有一些很简单的平台与步道。由于岸坡较陡，这些平台与步道靠里侧大都有高低不一的挡墙，造成部分沿湖路段局促而压抑。从烟雨轩曲廊北端出来接一长条滨水平台，平台场地比较宽敞，沿岸有几株垂柳。平台内侧的一片石墙砌得不错，再往北与一组石台阶相接。这段场地条件尚好，但是台阶部分与水岸关系不佳，需要处理。由台阶再向北为很窄的沿湖步道，其与湖岸和岸坡的关系都很生硬，是改造的重点。

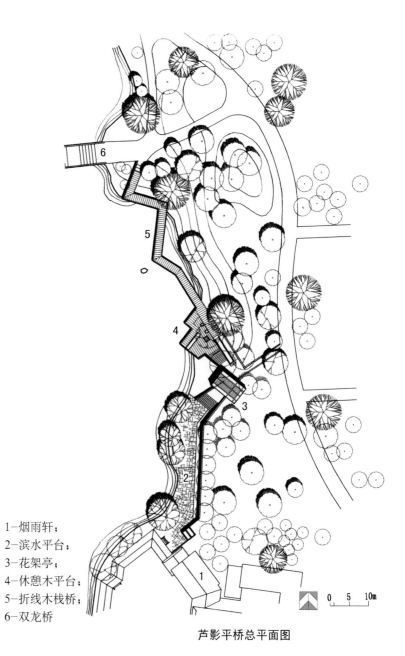

1-烟雨轩；
2-滨水平台；
3-花架亭；
4-休憩木平台；
5-折线木栈桥；
6-双龙桥

0　5　10m

芦影平桥总平面图

木平桥及其环境

5.3.2 设计构思

　　烟雨轩作为东岸的南部滨水沿岸空间的一个高潮，再向北经过庭园空间后，与双龙桥之间就没有任何空间节点了，在空间感受上觉得从烟雨轩出来显得有些太突然而缺乏过渡。所以改造设计时决定在这里增加一个停顿空间，新景点也正是出于这样的空间序列考虑的结果。南湖东岸总体上给人以"动"的感受，其南部是城市景观环境的气息。但是，从烟雨轩越往北走，空间就变得越自然，越安静。因此烟雨轩北面的芦影平桥就不可能像湖滨广场那样用大面积的铺装和设施，而应该逐渐表现出"静"的特点。

滨水平台与
水面的关系

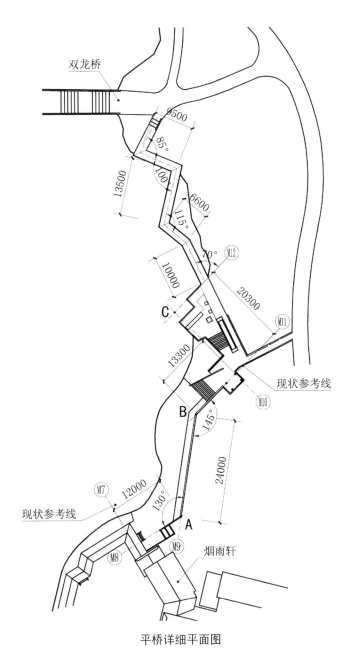

双龙桥

9500

85°

13500

100

6600

115°

70° M12

10000

20300

C

M11

13300

现状参考线

M10

B

145°

24000

M7

12000

130°

A

现状参考线

M8

M9

烟雨轩

平桥详细平面图

木平台、步道及其环境

景点细部

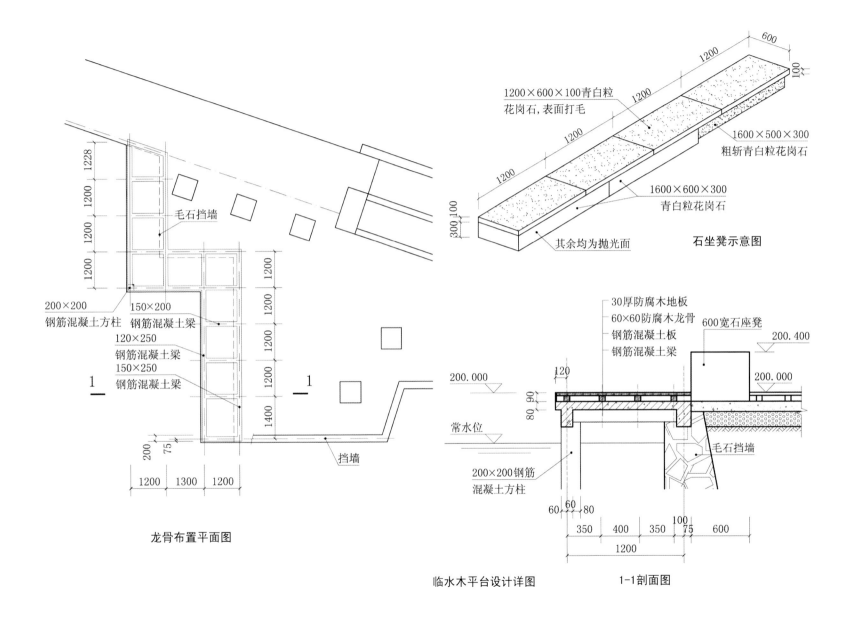

1228

1200

1200

1200

毛石挡墙

200×200
钢筋混凝土方柱

150×200
钢筋混凝土梁
120×250
钢筋混凝土梁
150×250
钢筋混凝土梁

1200

1200

1200

1200

1400

200

75

1

1

挡墙

1200 1300 1200

龙骨布置平面图

1200×600×100青白粒
花岗石,表面打毛

1200

1200

600

1200

1200

1600×500×300
粗斩青白粒花岗石

1600×600×300
青白粒花岗石

300 100

100

其余均为抛光面

石坐凳示意图

30厚防腐木地板
60×60防腐木龙骨
钢筋混凝土板
钢筋混凝土梁

600宽石座凳

200.400

200.000

120

200.000

80 90

80

常水位

毛石挡墙

200×200钢筋
混凝土方柱

60 60 80

350 400 350 75 600

100

1200

临水木平台设计详图

1-1剖面图

平桥周边环境

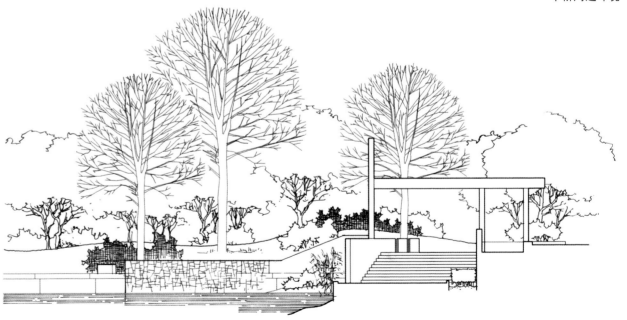

花架立面图

5.3.3 景点设计

　　芦影平桥景点由位于高处的花架亭和贴水而行的木平台与栈道组成。小花架建在台阶上，平面比较自由，用了高墙面、混凝土檐板、漏空的花架以及空窗。当时想把小花架与台阶部分结合起来改造，高处的花架将人的视线引向双龙桥。至于风格则延续了最初的想法——除了保留的传统建筑外，其他的园林建筑都采用简洁、轻快的现代风格。从小花架再往北，结合主园路改造把原来非常陡的岸坡削平，使人可以临水。这里有大片的荷花和一些芦苇，临近这些植物设置了一个贴水的平台，将人引向水边赏荷观芦。木平台和延伸至双龙桥桥口的折线形木栈道，为湖面上增添一条从水面经过的通道，这样处理有两个好处：其一是人们可以从水面欣赏烟雨轩景色，有一个与岸上不同的观景视角。十分有趣的是，此处也是南湖最长的视景线观看位置之一，并且与南湖栈桥西侧观景点相应对；另一方面，步道位置比较

滨水平台一侧的石砌墙

台阶、花架与石墙形
成芦影平桥景点入口景观

隐蔽，不是横跨水面而是贴边布置的，因此也是一种可以赏景但是本身又不是很突出的地段，这一点同设计南湖栈桥的想法相似。等到芦苇长高的时候这一景点就会隐藏其间，人们可以从芦苇丛中观看水景。对于日常面对喧嚣嘈杂的城市生活人群来说，在城市公园中能经历这样一种感受也是不常有的。

由于芦影平桥景点的建设形成的新空间节点与公园西主园路穿过的爬满紫藤的长廊取得呼应。同时，芦影平桥景点的建设给游人在公园中有停顿的空间，因为这里有了小建筑、木平台，游人可以驻足小憩与观景，为公园中增添了具有"场所感"的小空间节点。

花架亭实景

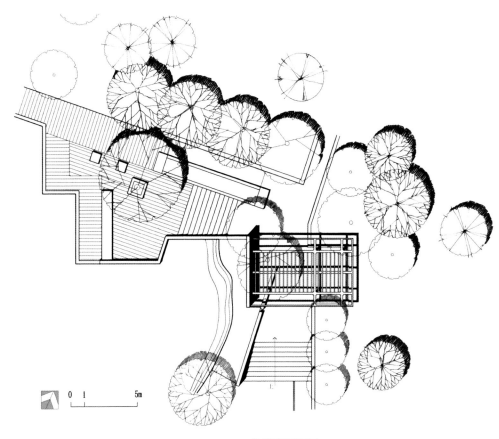

花架亭平面图

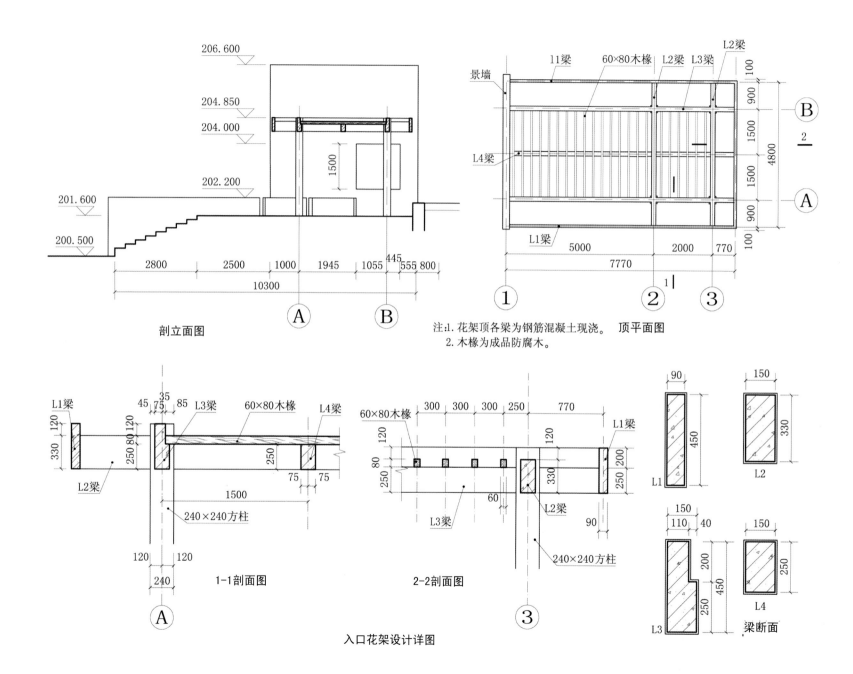

剖立面图

注:1. 花架顶各梁为钢筋混凝土现浇。　顶平面图
2. 木椽为成品防腐木。

1-1剖面图

2-2剖面图

梁断面

入口花架设计详图

花架局部景观

6 公园西部景观

红石公园的西北部是以茂密、复层植物群落为主的公园自然空间,公园总体规划上要求此部分体现的是"城市山林"的野趣感受。

从现状来看,由于紧邻拓宽后的长勺路城市快速干道,从西边进入公园的人流量很少。与公园的东半部相比,西半部显得更加自然空旷、安静幽深,甚至有些荒芜,因此,它更像东半部的背景空间。此次西半部改造工作主要有南湖西岸改造、长勺路拓宽工程的公园段改造[1]、公园西北入口设计几方面内容。

---

[1] 2006年莱芜市委提出改造长勺路,对路侧的红石公园提出了新的要求,结合这一要求我们对公园西侧进行了调整设计。第一,对沿路一侧的公园地形作了一些调整。因为道路标高比公园要高,我们不希望公园景观太露。因此原来有地形起伏的部分保留了,没有地形起伏的加强了地形处理。使得从路面只能看到绿树成荫的公园轮廓。同时对园路也作了相应调整,确定了几个人行出入口,使人们能从西面很容易进入公园。

南湖西岸现状

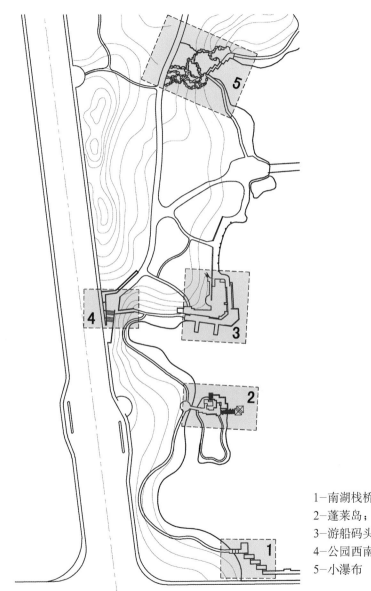

1-南湖栈桥西平台;
2-蓬莱岛;
3-游船码头;
4-公园西南步行入口
5-小瀑布

南湖西岸景点分布

6.1 南湖西岸

　　南湖西岸在空间位置上相对孤立，由于受其西侧城市干道的影响，同时公园水轴偏西南方向，使得西岸越向南越窄，空间略显单薄。按照最初的南湖滨水空间改造设想，西岸最南端由于场地较狭，而且受公园外环境影响较大，所以当时规划时在西岸设置了酒吧、咖啡馆、茶座、临水大看台等内容，并通过规划的西南主入口空间衔接。其目的是为了创造一种滨水休闲活动，能观景、聚会、品茗、进餐等，使得公园的服务功能不只靠烟雨轩一组建筑来完成。这些想法后来没有实现。从公园空间性格上看，与活跃的、城市气氛甚浓的东岸相比，西岸则有一份宁静与自然野趣。

西岸湖岸景色

亲水平台铺地

6.1.1 蓬莱岛环境

蓬莱岛位于南湖西岸的南部,与湖滨广场相对。岛上树木零星,最醒目的就是位于岛东侧的双亭,除此之外还有一小间管理房。双亭与烟雨轩隔湖相望,实际上是一个很好的观景点,同时也是西岸现存的唯一一个园林休憩景点建筑。从现场情况来看:双亭造型尚好,只是亭子本身年久失修,有些破败;挂落、座凳、铺地等一些细部不够理想。双亭主要的问题是现状环境不佳:亭子离岸2m多远,亭与岸之间既无路也无桥,而且水深达3m以上,游人根本无法从岛上上去。

改造工作集中在岛北端的双亭与管理房之间的环境。利用现状保留的一片硬质铺地,结合地形高差与现状树木条件重新设计了小片亲水平台。我们重点进行了双亭及其环境的改造。首先,从安全角度考虑,在亭与岛之间设计了水深仅70cm的安全平台,在该平台上布设了长条石汀步供游人穿越水面上亭,观景休憩。双亭重新进行了装修设计,包括护栏、座椅、挂落和地面等。

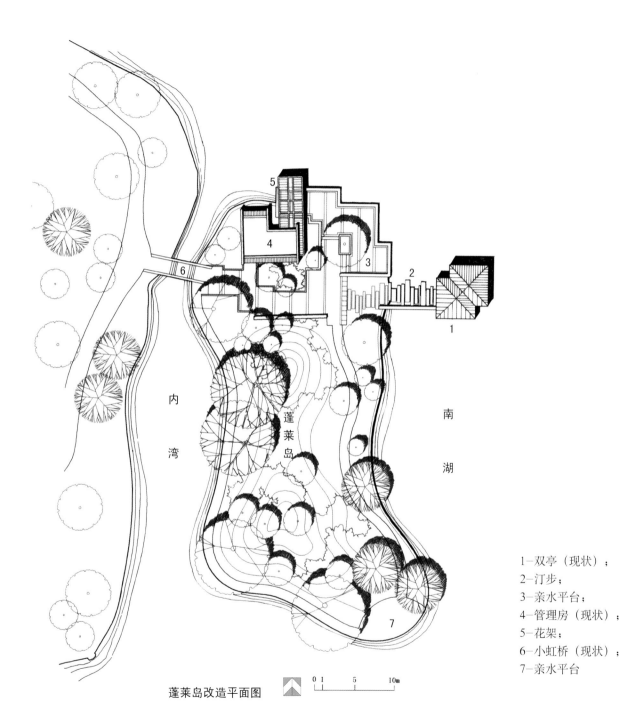

内湾

南湖

蓬莱岛

1－双亭（现状）；
2－汀步；
3－亲水平台；
4－管理房（现状）；
5－花架；
6－小虹桥（现状）；
7－亲水平台

蓬莱岛改造平面图

0 1   5   10m

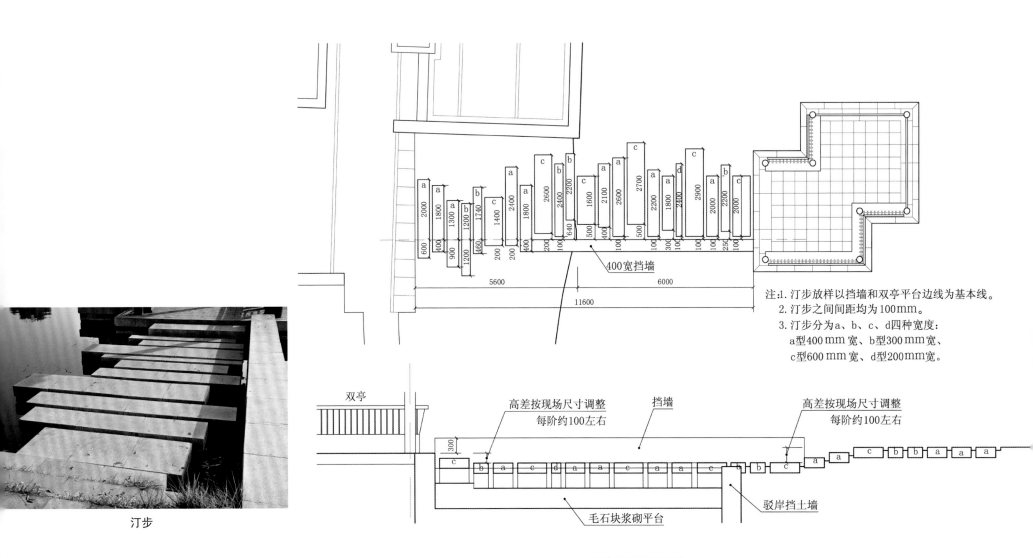

注:1. 汀步放样以挡墙和双亭平台边线为基本线。
　　2. 汀步之间间距均为100mm。
　　3. 汀步分为a、b、c、d四种宽度：
　　　　a型400mm宽、b型300mm宽、
　　　　c型600mm宽、d型200mm宽。

汀步

汀步平面及剖面图

400宽挡墙

双亭

高差按现场尺寸调整
每阶约100左右

挡墙

高差按现场尺寸调整
每阶约100左右

300

驳岸挡土墙

毛石块浆砌平台

改造后的蓬岛双亭环境

改造后的管理房及花架

游船码头景观

6.1.2 游船码头

为了保持公园东岸岸带景观空间的整体性，通过增加西岸活动内容，将零星散布在东岸的游船站点全部集中在西岸的码头区。西岸码头区现状简单，沿湖为滨水步道和高大浓荫的垂柳。场地上有一块比滨水步道稍高的小台地，为混凝土预制块简易铺地，是人们晨练的场地。健身场地位于一片法国梧桐林下，漫步机、单双杠、扭腰器等体育器材一应俱全，但场地的铺地需要整理。

改造设计保持了原场地基本轮廓、高差和现状树木，着重于环境的整理。为了配合游船使用，设置了停靠木平台和伸向水中的两个木栈道码头。场地向东可观烟雨轩，将滨水步道向湖面稍稍拓宽，设计成大台阶和观景木平台。小台地上重新做了铺地设计，并且将场地上的挡土墙向南延伸到台地中央。

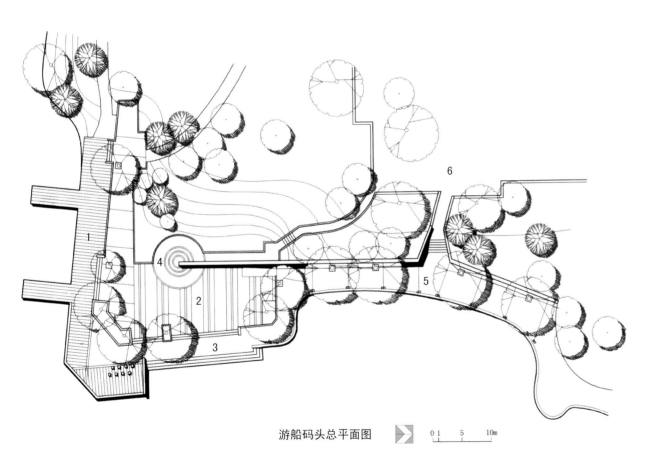

游船码头总平面图　　0 1　5　10m

1-游船码头；2-休憩平台；3-大台阶；4-晨练小广场；5-滨水柳荫步道；6-体育健身区

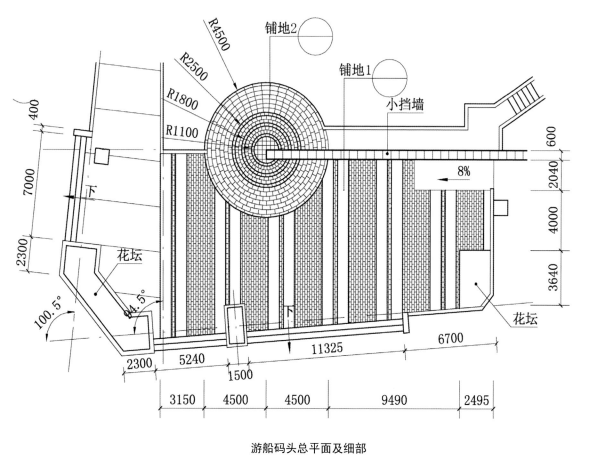

游船码头总平面及细部

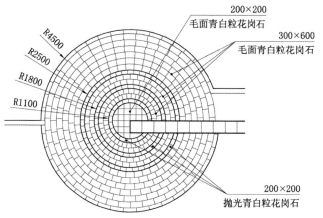

铺地1大样图

铺地2大样图

晨练广场上的条形铺地

公园西北入口

6.2 西北入口

6.2.1 现状分析

    由于长勺路改造时城市道路最宽处占用了公园近20m的用地，规划的西南主入口已无法实现，这样就使得西北入口的重要性有所增加。长勺路的拓宽，加强了公园作为莱芜通向济南的门户作用，因此，要求路东侧的公园也要有一个良好的形象，以配合整体的道路景观绿化。场地上的现状受到道路拓宽的影响，原先门前大片的三角绿地被拓宽道路所占据。规划的西北入口由原规划的位置向南移了约100m。

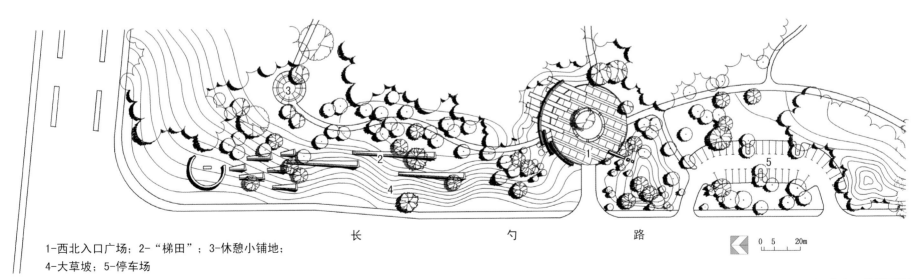

1-西北入口广场；2-"梯田"；3-休憩小铺地；
4-大草坡；5-停车场

长　勺　路

0　5　　　20m

西北入口总平面图

西北入口广场

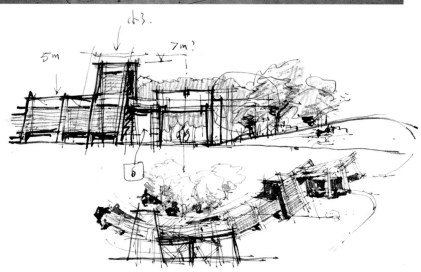

弧形建筑构思草图

6.2.2 景点设计

1）西北入口

西北入口由大门建筑与直径30m的圆形广场组成。大门建筑沿圆形广场西北侧边界布置，设有简单的管理功能。方案设计中的建筑外侧弧形木栅墙高低错落，旨在形成一个良好的公园入口景观，为城市北门户形象增彩。建设过程中设计被简化了，有的只建成了外侧的弧形木栅墙。圆形广场中最醒目的是条带要素：粗细质感相间的条纹铺地、长条形种植池、门前两侧的石带景观，所有条带都沿一个方向布置。广场中央为直径10m的圆形种植坛，坛边缘用花岗石做成了宽阔的台阶样式。由于西北入口不是主要入口，在具体实施过程中都采用了从简的处理方式，例如条纹铺装、石带景观均没有按设计做。

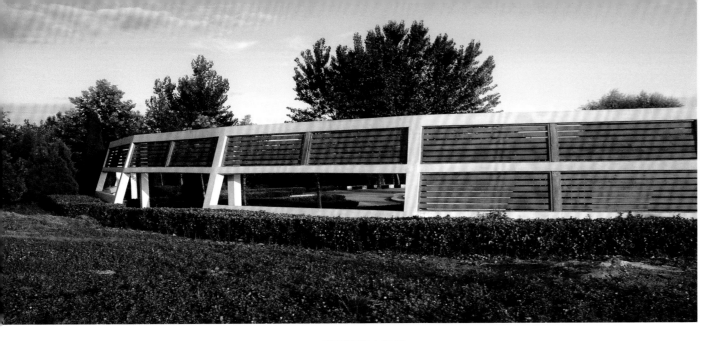

弧形建筑木格栅

弧形建筑立面图

0　　　5　　　10m

弧形建筑局部景观

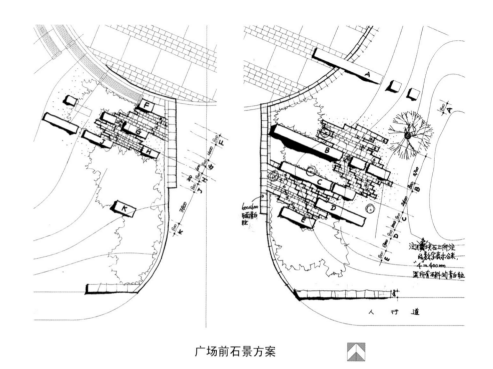

广场前石景方案

入口广场细部

入口广场周边环境

弧形建筑细部

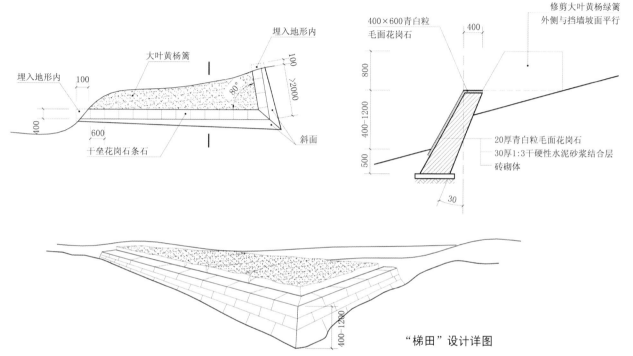

埋入地形内
大叶黄杨篱
埋入地形内
100
100
>2000
400
600
80°
斜面
十垒花岗石条石

400×600青白粒
毛面花岗石
修剪大叶黄杨绿篱
外侧与挡墙坡面平行
400
800
400~1200
500
20厚青白粒毛面花岗石
30厚1:3干硬性水泥砂浆结合层
砖砌体
30

400~1200

"梯田"设计详图

"梯田"景观

2）"梯田"

西北入口到汶源大街之间原先只有草坡与修剪的模纹和灌木，没有大树。长勺路道路拓宽的时候这些植物均被破坏了。现场只留下重新整理的一大片坡地，但是坡顶上的公园植被却十分茂盛，是一个很好的绿色背景。红土沟两侧原先有不少垒墙成阶地农田的景观，为了在场地上留下一些记忆的空间，设计采用了硬质景观与植物景观相结合的"梯田"。沿着南北向布置"梯田"石条带，以解决高差的变化，同时交错开，上面种上修剪的大叶黄杨篱，让它有些规整的感受。在梯田之间还零星点缀了些大树。

溪涧带红石谷自然景色

溪涧带现状

7 溪涧带

　　红石公园水体在上一轮公园建设中已形成基本框架，从北到南顺势辗转而下，本身有相对完整的空间序列。水面始于北湖，湖水经过大瀑布后进入蜿蜒的红石谷溪涧，再向南注入水面较小的荷花池，最后经双龙桥汇入南湖。水面由大到小，再从小到大，形成变化丰富、各具性格的水景序列空间。有宁静的北湖、幽深的红石谷、满目荷叶的荷花池以及相对活跃的南湖。位于北湖与荷花池之间的溪涧带拥有良好的岸线，曲折感和大小水面的交错感，是这次公园改造的重点内容之一。

7.1 红石谷大瀑布与北湖

　　北湖是公园最为幽静的水面，南面相邻的红石谷也十分安静。在湖的南北两端各建设了一处跌水瀑布。北瀑布高6m，宽约30m，全部采用原南入口大假山拆除的湖石进行堆叠。南瀑布沿北主园路南侧而建，跌水高6m，宽约20m。从现场条件来看，增加局部的动态景点——红石谷大瀑布（南瀑布）似有必要，这也是红石公园一期改造时确定的主

题。红石谷大瀑布原来是北湖的拦水坝，景点称为"景阳关"，公园北主园路从坝顶穿过。拦水坝背水面南，迎着红石谷，现状是大片的浆砌毛石护坡，坡顶用城墙墙垛形式装饰，看上去较为生硬，与两侧成片的红石冈峦十分不相称。

　　确定了用大瀑布的形式改造现有拦水坝及其环境之后，这个景点需要解决的两个主要问题是：首先是取消了泄洪道后，北湖湖水怎么过来；其次是如何形成良好的瀑布景观。对于第一个问题，由于北湖客水水量有限，采用了钢筋混凝土梁架空坝顶园路的方式。坝顶作为溢水口，标高比北湖常水位（207.640m）略高，暴雨时湖水通过梁下的堰口跌落进大瀑布上层水池（水面标高205.500m）。对于第二个问题，首先要求瀑布所选石料的色彩与质感应与红石谷相协调，其次要求瀑布形态自然。由于叠石成瀑的工程特性，设计只能在整体布局、假山体量、瀑布形态等方面予以控制，很多问题需要现场调整，施工中叠山师傅的工程经验往往决定了工程的成败。

大瀑布本身需要一定的体量，在平面上也要有错落，因此上层水池的面积不能太小，而且上层水池既要与堰口跌水衔接自然，本身也应成为一景。从坝顶园路可以沿水池两侧的蹬道下到瀑布底部及水潭边，与下层水池相接。规划的下层水池面积较大，但是现状水面偏小，设计中提高了下层水池的水位。由于北湖湖水水量有限，难以形成壮观的大瀑布水景。因此水池中设有潜水泵，以满足形成大瀑布气势的水量需求，而给人以瀑布源自北湖之水的感受。瀑布分两级跌水，第一级水位落差2m，第二级水位落差4m，第二级跌水瀑布下面设茶室以充分利用空间，置身水帘下的茶室中，瀑声轰鸣，别有洞天。瀑布水池全部采用与红石谷岩石色彩相近的当地天然石材红板岩做成，由于叠山师傅较有经验，建成后虽有些缺憾，但是总体上比原来景阳关城墙雉堞式水坝的形式自然得多，而且所用石材的色彩和自然肌理与周围的红石冈峦也相协调。

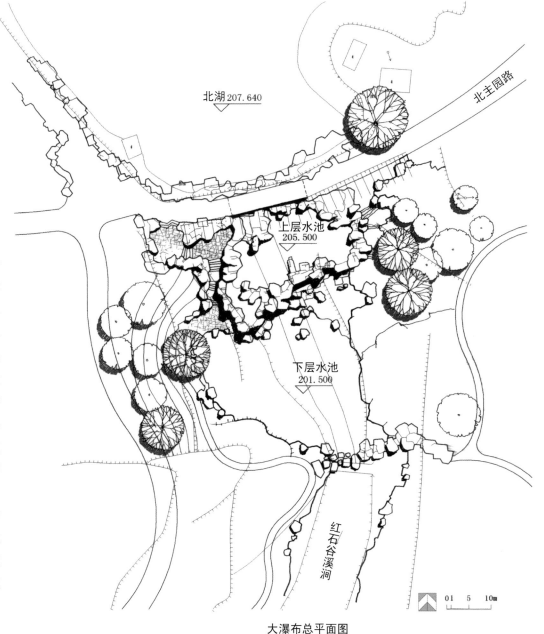

北湖 207.640

北主园路

上层水池
205.500

下层水池
201.500

红石谷溪涧

01 5 10m

大瀑布总平面图

大瀑布周边景色

北湖岸景　　　　　　　　　　　上层水池与红石谷　　　　　　　　　下层水池自然岸带

通过上层水池的设置，一是解决了大瀑布上游来水所需的空间；二是从主园路平桥向两侧看景观不会形成过大的高差。上层水池与大瀑布自然式设计使北湖与红石谷之间形成了连续的水景带，而不仅仅是空间中的一个节点。

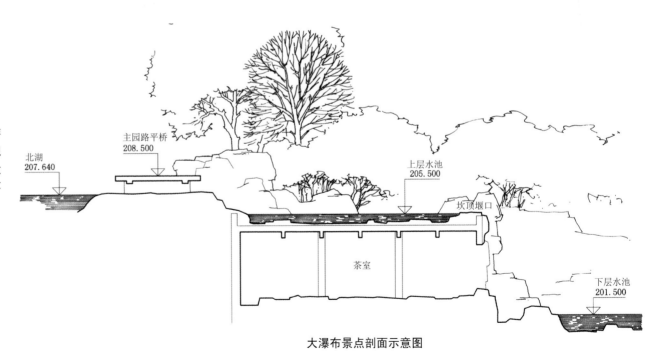

大瀑布景点剖面示意图

大瀑布水景

　　北湖溢水口、大瀑布落水口、上层水池驳岸的红石片岩与远处红石冈峦相协调，跌落的水景、平静的水面为红石谷增添了一份宁静与野趣。

北湖溢水口（滚水坝）形成的跌水景

7.2 红石谷三小建筑

红石谷溪涧带分为南北两部分，北半部与大瀑布相接，其东岸的红石谷红石浑厚圆润、突兀相连、纹路清晰、层层叠叠，既有雄壮之感，又有精细之美，真是蔚为大观。因此，北半部红石谷部分不宜再增添任何人工景物。南半部与荷花池相连，溪涧两侧阜冈起伏，虽然只有零星的红石露矶，但是垂柳的夹岸浓荫，柳条千缕倒也不错，打算在此部分增加一些休憩景点。在公园景区规划中对红石谷的定位是"野趣"与"幽静"。如何来体现主题、创造特色是设计中需要解决的问题。

这三个小建筑的设计已时值红石公园改造的三期。最初的公园总体规划只考虑了红石谷的定位，并没有特别提出要建几个小建筑。由于地形复杂、树木茂盛，几个小建筑选址与设计实际上很大部分都是在现场确定的。当时最南面的称为一号建筑（柳），中间的为二号建筑（荷），最北的是三号建筑（栌）。

溪涧两侧的起伏红石阜冈

7.2.1 设计思想

虽然公园总体规划最初没有明确这些内容，但是随着公园改造的深入和道路游线布局的调整，与红石谷溪涧带有关的一些改造思路也逐渐清晰起来。

南半部溪涧自然条件虽然不错，但是公园景色却很普通，缺乏一种称之为风景之"眼"的点睛之物。何为公园景观中的"眼"？ 好比人的双眼，既是观看之器，又是传神之物。对于风景之"眼"而言，那既是观看风景的"得景"佳地，也是风景中的"点睛"之笔。风景之"眼"创造的方式应该不止一种，红石谷溪涧环境设计中采用了一种较为传统的方式：通过园林小建筑营造风景之"眼"。

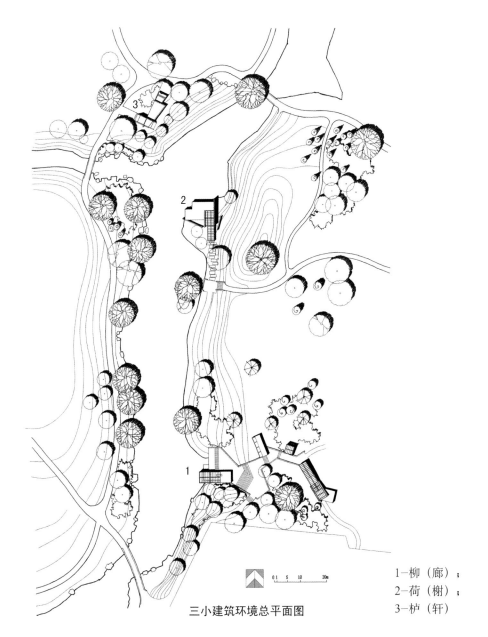

三小建筑环境总平面图

1—柳（廊）；
2—荷（榭）；
3—栌（轩）

1）建筑选址

带着这一指导思想，当时这些小建筑的选址目的是很明确的。从烟雨轩向北沿着新调整的公园西主园路可以直达红石谷溪涧南端与荷花池的交会点，道路沿平桥跨溪而过。这与从现状主园路经过双龙桥向西走的空间景观感受有了很大的差别，因为从双龙桥处只能远观红石谷，而且视角太偏，不太理想。这几个小建筑是游人经主园路到达红石谷的第一印象，也是沿纵深方向观看红石谷幽深溪涧的最佳位置之一，十分重要。站在这里，不远处可设置前景，以此形成公园风景中的吸引点。这就是"柳"廊最初的选址动机。稍远处是第二个建筑"荷"，在画面中成为远景。2005年12月去现场的时候确定了"荷"与"栌"两个建筑位置。所选择的"荷"地块是一个略突出于水面的小半岛，这个位置非常合适：它正好在两条水涧的交汇处，可以兼顾到溪涧西面的小溪谷；并且在整个红石谷溪涧中的位置也很不错，面北可以观看红石驳岸和一个小跌水景；面南可赏荷，满溪的荷花像溪水一样向南无尽地流淌下去。在距"荷"的西北方不远的台地上，选定了小建筑"栌"的位置，与"荷"隔溪相望。

2）建筑形式

关于这几个小建筑的设计，我想首先它们不必再沿用烟雨轩那种较为传统的风格了。在公园改造中，我们希望运用现代建筑空间构图手法获得既有现代气息又包含一定传统要素，形式活泼而又富于变化的园林休憩建筑。为了表达该景区宁静的气氛，颜色选用了白色。白色建筑在公园浓绿的环境中很突出，由于园林休憩建筑本身的体量不会

红石冈峦

太大，而白色本身很高洁，可以借这种色彩对比而形成注目之点。小建筑主要
用混凝土和木材两种材料，以混凝土作为建筑主体的框架和墙面，木材用作装
饰点缀。

"荷"的周边现状环境

7.2.2 "荷"

贴水而建的水榭"荷"是三小建筑中单体体量最大的一个（面积约86m²），也是红石谷溪涧中位置最引人注目的一个。之所以称之为"荷"，一是因为红石公园的荷花远近闻名，盛夏池中的荷花每每吸引众多游人驻足品赏；二是因为建筑三面临水，为满溪的荷叶所环绕，是一个观荷的好地方。选址之后做了几个比较方案，最后的方案是2006年底在现场定下的。在方案设计之前确定了一条基本方针：建筑要具有宁静的特点，形式要相对简洁，但又不能是一个简单的园林小品。设计中对以下几方面的问题进行了思考。

第一是向背问题。虽然坐北朝南比较有利，从建筑与环境关系来看，场地向北的景色层次丰富而较佳，因此选择了"面景"而不是"朝阳"的方式，将主立面朝向了北面。第二是体量问题。考虑到四周空间相对空阔，建筑需要有一定的体量。一方面采用了较大的开间；另一方面将比较整体的墙面布置在建筑的外侧以增加其整体分量感。希望从外面看起来建筑整体些，一些细节与零星空间则放在内部

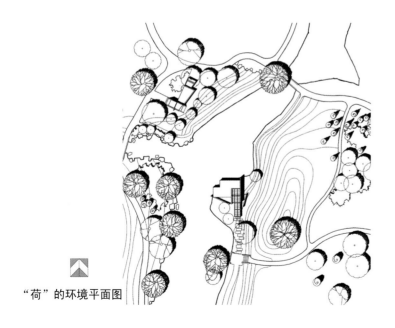

"荷"的环境平面图

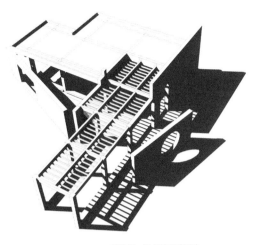

"荷"的模型鸟瞰

"荷"实景

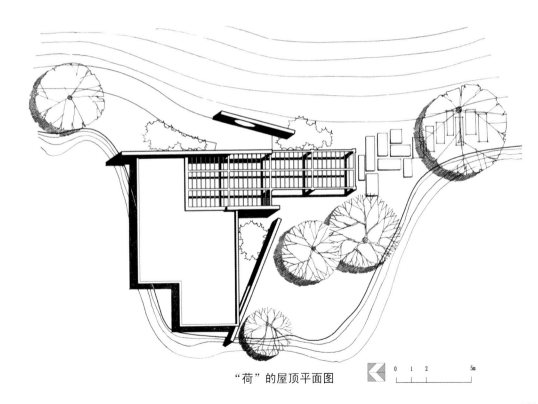

"荷"的屋顶平面图

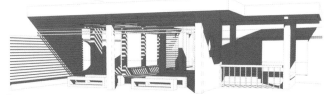

"荷"榭模型——北面一

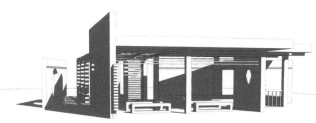

"荷"榭模型——北面二

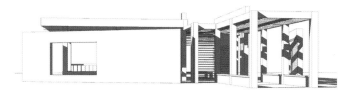

"荷"榭模型——南面

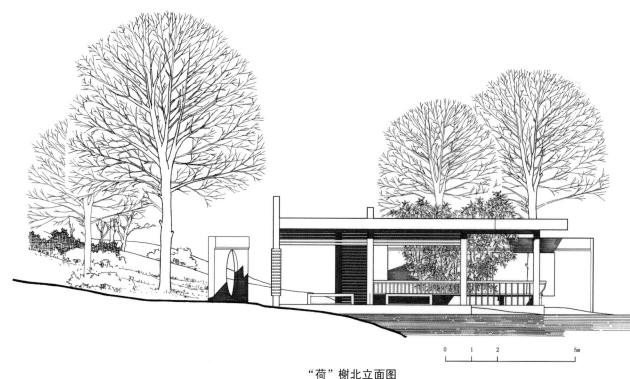

"荷"榭北立面图

来处理，只有走进建筑之中才能看到。第三是如何表达"静"这一主题，主要采用了简洁的形式和朴素的色彩。例如水平延展的形体、大片的白墙。

"荷"是现代风格的平顶建筑。建筑平面很简单，呈"L"形。南面接花架，为了增加建筑立面的丰富性，作了一些处理，例如东面墙高出檐口，建筑外侧增加了两片墙面等等。虽然园林小建筑宜通透，却并不意味着没有实体的东西，过于通透就没有体积感了。因此需要在恰当的地方用一些墙面以增加园林建筑的实体感与虚实变化。例如，在建筑外侧的南面与东面分别另外添加了两片墙面，两者在平面上均与水榭柱墙轴线呈夹角。从空间实际效果上看，就不会只看到由柱子组成的建筑，而是可以看到实体墙面，空间有虚实对比。除此之外，添加的墙面还与建筑之间形成了很小的"院子"，其中种了一小丛竹子，点了些石块，与墙面上开的洞窗相呼应。这些都是受到传统庭园中"哑院"的启发，希望在局部的地方或空间之中体现传统园林的意象。另外，园林建筑是"得景"的场所，应该为游人观景时创造不同的框景条件。

远观"荷"

"荷"榭全貌

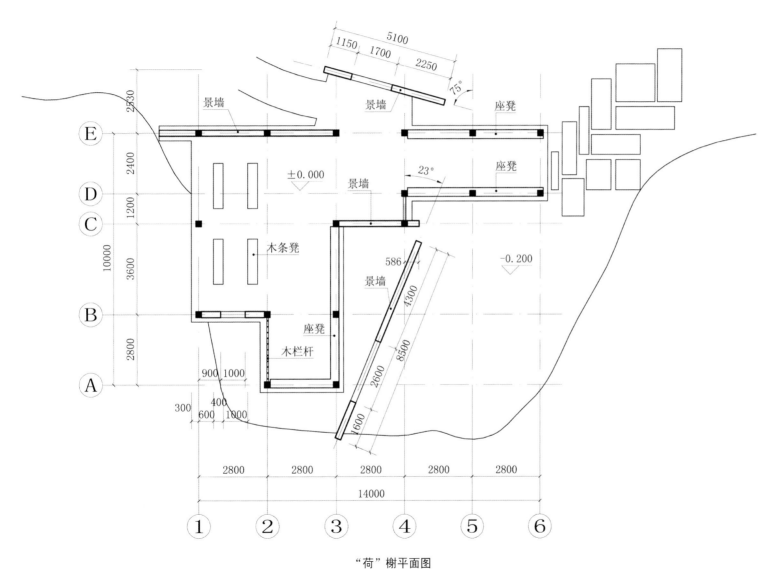

景墙

景墙

座凳

座凳

景墙

±0.000

23°

75°

5100

1150 1700 2250

2530

2400

1200

10000

3600

2800

木条凳

景墙

586

4300

8500

2600

600

座凳

木栏杆

900 1000

300 400

600 1000

−0.200

E D C B A

① ② ③ ④ ⑤ ⑥

2800 2800 2800 2800 2800

14000

"荷"榭平面图

"荷"榭环境

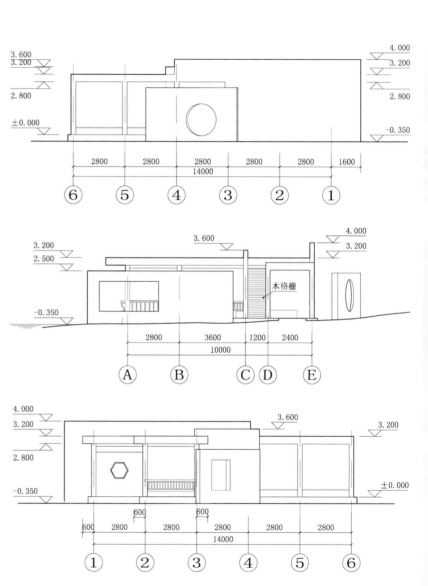

木格栅

"荷"榭立面图

除此之外，添加的墙面还与建筑之间形成了很小的"院子"，其中种了一小丛竹子，点了些石块，与墙面上开的洞窗相呼应。这些都是受到传统庭园中"哑院"的启发，希望在局部的地方或空间之中体现传统园林的意象。

"荷"榭内部空间

"荷"榭秋景

"荷"榭细部

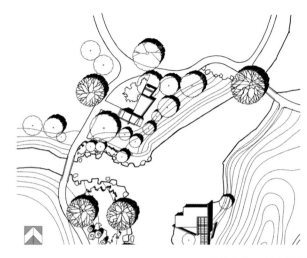

"栌"轩环境平面图

"栌"轩周边现状环境

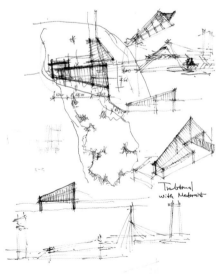

"栌"轩最初方案构思

7.2.3 "栌"

在"荷"的西北面临水坡地上，布置了另一个小建筑"栌"。虽然坡地较陡，但是坡顶却恰好是一块相对平整的场地。由于所选地段本身地势较高，便于观景，建筑在此采用了"轩"的形式，"轩式类车，取轩轩欲举之意，宜置高敞，以助胜则称"。场地周围都是大树，尤其吸引人的是，在东面迎水坡上有几丛黄栌，秋天深红色的树叶在水中的倒影十分迷人，于是称这个小建筑为"栌"轩。这个建筑的位置是三小建筑中最高的，距离"荷"也最近。在树木没有落叶的时候，"荷"、"栌"虽然离得很近，却很难相望，因为"栌"基本掩映在周围的树丛之中。到

隐在柳荫中的"栌"

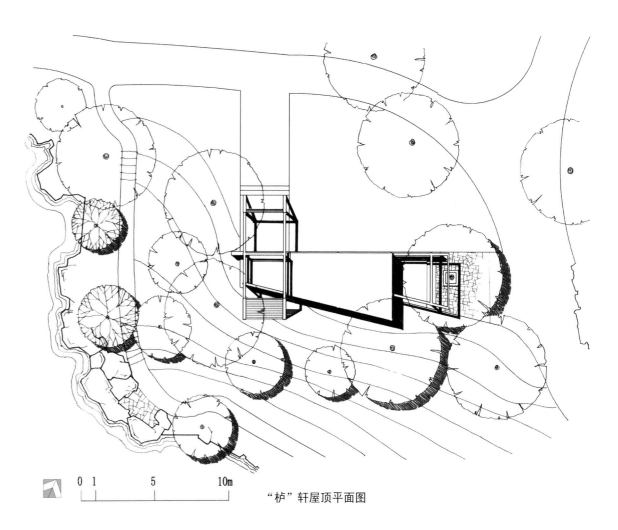

0 1   5   10m

"栌"轩屋顶平面图

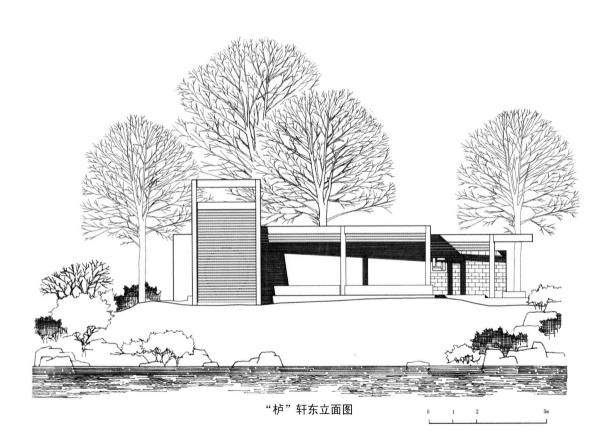

"栌"轩东立面图

0　1　2　　　　5m

了冬天，轩就基本上露了出来，而这时的北方园林也到了萧条的时节。对"荷"而言，即使"栌"显露在外面也不会与周边环境产生冲突，却给人另一种感受。尽管"栌"也近水，但是却在高处，因此隔水观"栌"的感受与观贴水而建的"荷"的感受是不一样的。

由于场地中小山丘体量的限制和位于较高的位置，"栌"的体量（面积58m²）在三小建筑中最小。"栌"轩采用比较轻快自由的处理方式。首先平面不是方正规整的，而是与场地地形相吻合的楔形平面，并且有一些依据场地条件作的细小变化。东立面上一条垂直线一条水平线，垂直线是位于南侧的高起部分，用的是叉手般的构架，从侧面看是跨架在水平线上的。构架的东侧迎溪面全部都用木格栅饰面，起到"光帘"的作用，其后还设了一个圆洞门。当光线从东南面照射进来的时候，落在木格栅上，透进的一部分光线洒落在轩内的墙面与地面，这个景色又会被圆洞门框住。

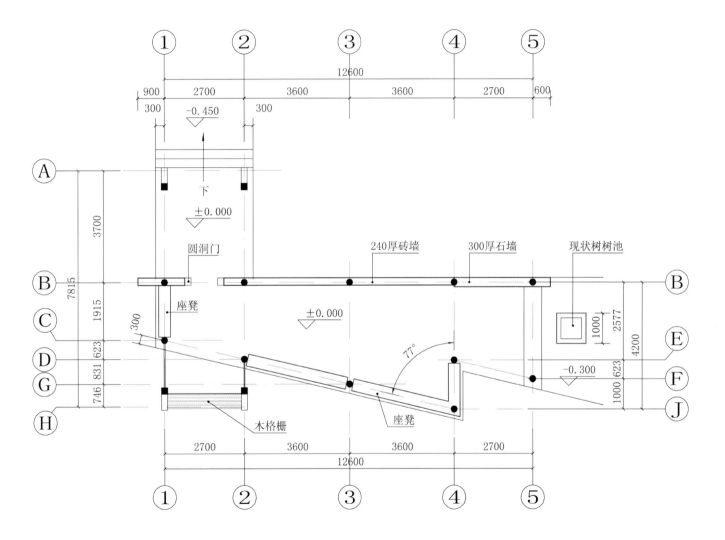

"栌" 轩平面图

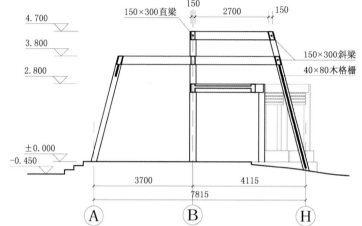

150×300直梁
150
2700
150
4.700
3.800
2.800
150×300斜梁
40×80木格栅
±0.000
-0.450
3700
4115
7815
Ⓐ Ⓑ Ⓗ

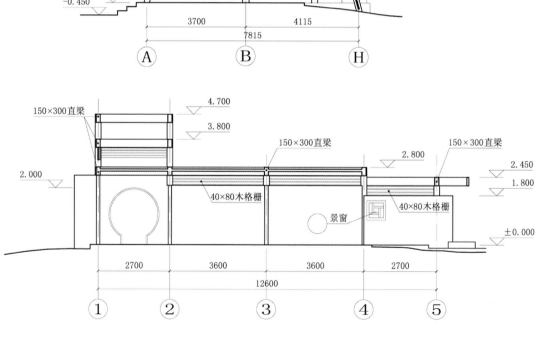

150×300直梁
4.700
3.800
150×300直梁
150×300直梁
2.000
2.800
2.450
1.800
40×80木格栅
景窗
40×80木格栅
±0.000
2700
3600
3600
2700
12600
① ② ③ ④ ⑤

"栌"轩剖面图

"栌"轩内景

"栌"轩东面景观

"庐"的北部入口

草坡上"栌"的一角

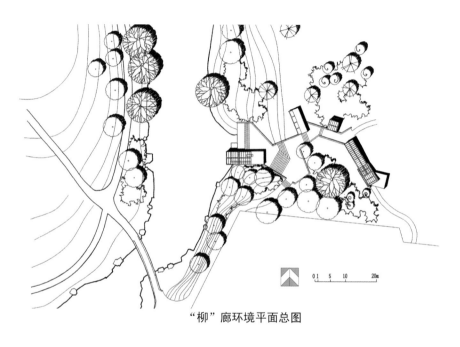

"柳"廊环境平面总图

7.2.4 "柳"

　　最不容易做的是"柳"廊这组建筑。前面两个建筑建好后,它的方案却还没有定稿。我去过两次现场,而且在现场放过线,搭过架子,大体上了解了建筑的尺度及其与近旁树丛的关系。几轮方案做下来都不是很满意,设计的难点在于其形式与体量。第一,根据三小建筑选址时确定的空间意象,建筑与水面的关系也是比较特殊的,宜若即若离,廊的大部分只能向岸坡的纵深方向延伸。第二,由于前面两个小建筑已经建成,而且它们都有一定的体量,第三个小建筑在形式与体

"柳"廊周边环境现状

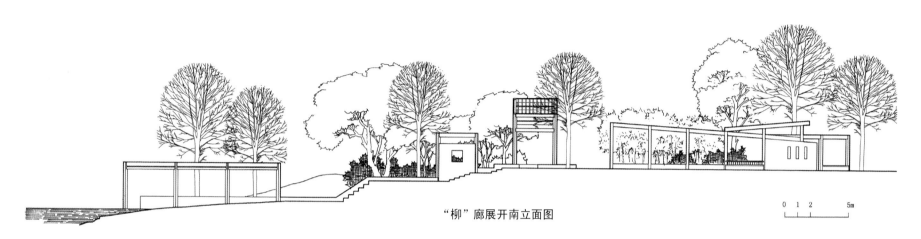

"柳"廊展开南立面图

0 1 2   5m

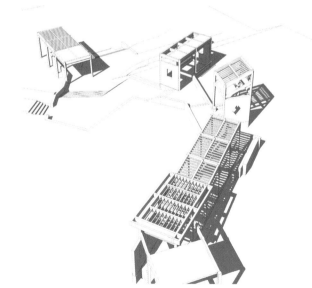

量上都要仔细考虑，不宜做得太整，体量要很好控制，形式要与前两者有所差异。第三，该位置地形环境较前两者复杂，设计需要解决好建筑与坡地高差的关系。现在的方案主要来自于园中的印象：一天傍晚在园中散步时，溪边随风飘荡的柳树给了我启发。柳枝的自然造型让我想到：在这个场地上既然不适合做一个完整体量的建筑，可以将建筑分散，做成"串"状，像柳枝一样。"串"如何布局也是需要仔细推敲的。结合地形与现状树木，随形就势沿折线形路线布置了一组（串）四个小单元建筑。这组建筑小单元也是有向背关系与形体要求的，下面按从水面向岸坡地的次序分别作些介绍。

"柳"廊鸟瞰模型

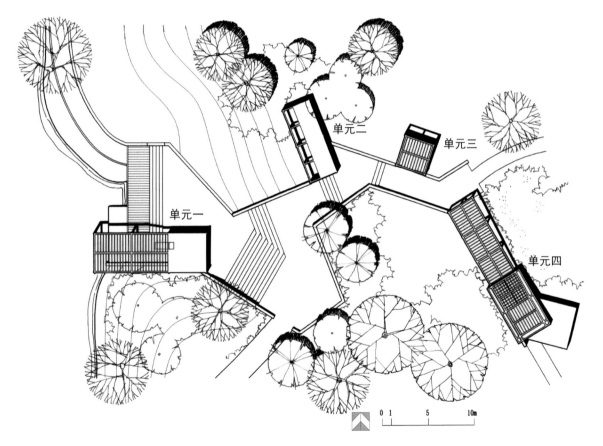

单元二

单元三

单元一

单元四

0 1   5   10m

"柳"整组建筑平面图

单元一是一个三开间的花架廊，造型十分简单。在红石谷溪涧带中最显眼位置布置点景之物都需要保持其形态的简洁，这是我当时做方案时的一个基本思想。与复杂的形体相比，简单的形体与朴素的色彩更容易使人产生幽静的感受，正如《庄子·庚桑楚篇》中所谓"正则静，静则明，明则虚"。另一方面，小建筑与水的关系处理成含蓄的而不是完全暴露于水中。从现场看，场地南面有一小山坡，坡上是一片长势良好的槐树林。从主园路平桥进入溪涧带，透过槐树林这组建筑断断续续隐约可见。

"柳"廊整组建筑北面景观

单元一模型

单元二位于近岸的坡上，一个简单的两开间平顶小建筑，但在顶部作了处理，两侧墙面各开方洞窗，做得很简单。

第三个小单元是一个较高的单坡顶方亭，有重檐的感受。因为离岸已有一段距离，提高该单元的高度有利于整组建筑立面的变化与建筑空间的丰富。最后一个单元是屋顶倾斜的廊，尽头接了一个平顶的休息亭。

整组建筑面积150多平方米，从水边向坡地深处延伸。建筑小单元的面积分别为48㎡、24㎡、12㎡、68㎡。虽然当时比较担心这组建筑体量偏大，但分散后掩映在树丛之中就没有这样的问题了。"柳"名曰为廊，实际上是一组由小建筑单元亭廊组成的不连续的"断廊"。在做这组建筑时，我比较关心各个小建筑单元之间的关系：在形式上，

单元一景观

四个小建筑单元形状都不同，各具特点，但又有统一的东西，如白色的柱墙、相似的柱梁结构、简洁的形体。在空间关系上希望它们总体上比较协调，但又要有错落变化、虚实对比。同时也比较关心走在这组建筑"内部"时的空间序列景观。园林空间讲究起承转合，作为一组建筑形成的空间也需要有这样的感受。因此，对它们之间距离的远近、视线关系以及穿插其间的折线形步道都分别进行了进一步的考虑。从"远观"与"近观"两方面来总结建成后的实际情况："远观"，整组建筑，观者看不到一个完整建筑，有很多树挡着，隐约能见到白色的亭廊散落于此。"近观"，这些分散的建筑单元被折线步道"串"了起来，当沿着折线步道漫步时，随着观景点的移动，不同角度形成的建筑与环境空间组合就会呈现出传统园林中的"步移景异"的效果。

单元二、单元三景观

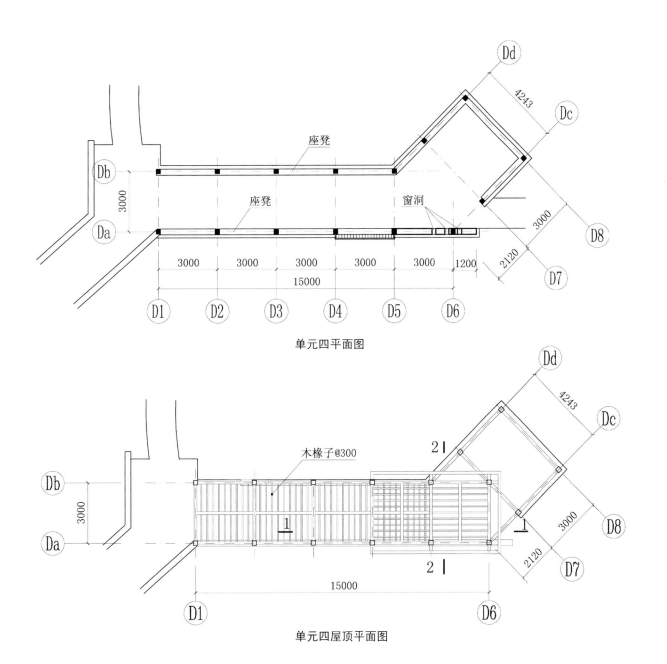

座凳

座凳

窗洞

3000

Db

Da

3000

3000

3000

3000

3000

3000

1200

15000

D1 D2 D3 D4 D5 D6

Dd

4243

Dc

3000

D8

2120

D7

单元四平面图

木椽子@300

Db

Da

3000

2 |

1

2 |

15000

1

Dd

4243

Dc

3000

D8

2120

D7

D1 D6

单元四屋顶平面图

单元四景观

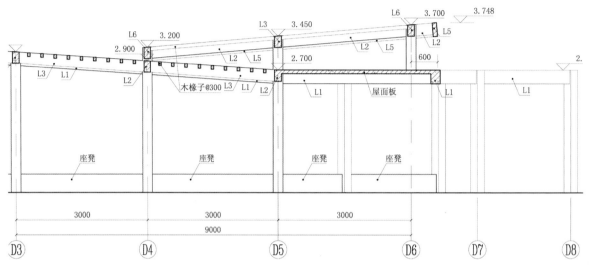

单元四屋顶1-1剖面图

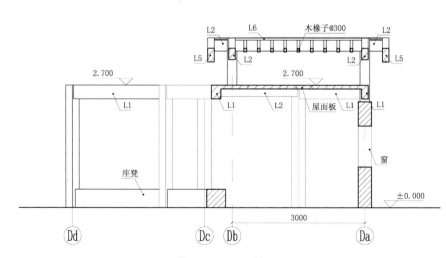

单元四刚竣工时的景观

单元四屋顶2-2剖面图

观看"柳"廊这组小建筑，当穿行于内时，从窗洞或柱间会不经意间看到这些"零散"单体之间的互相补映，正如庭园中的移步换景之际，有时目光所触是一幅幅期许之外"偶然"所得的画面。

后　记

　　从2004年底开始接手红石公园改造设计，三年之中已记不清去过多少趟莱芜了。当工作草图越积越厚的时候，终于看到了接近改造尾声的红石公园。作为这几年来设计工作和思考的总结，这本书记录了一段探索之路，也有一些感受。第一是设计需要感受现场，包括做之前的"看现场"和做之中的"跑现场"。设计师要感受当地的东西——气候、植被、人文，将对环境的感受糅合在一起。在红石公园设计中，我的一些基本想法都源自于现场。第二是设计源自经历，使自己的设计思想更多地源自场地环境、自然启发、现实生活，而不是直接来自于书本或设计图册。这就是美国设计理论家奥林（Laurie D. Olin）所说的设计思想是源自直接经历还是间接经验的问题，我想前者应该是形成原创型设计的必由之路。第三是设计结合转化，西学东渐，国内的不少设计师都会不同程度地受到西方园林的影响。我认为不应到此为止，希望有更多的古今结合、中西结合方面的探索。例如红石公园银杏广场是一个初步尝试，既规则又变化的水面穿插在银杏树阵之中，体现了在规整之中寻求自由的思想，这种自由受到中国园林中空间曲折变化的启迪。

　　与新建公园相比，老公园的改造设计工作更为艰辛，十分欣慰的是这种艰辛得到了认可。2007年12月，红石公园改造工程获得山东省园林绿化优质工程奖；2009年获得江苏省优秀工程勘察设计一等奖、全国优秀工程勘察设计（行业奖）二等奖。

　　总之，设计是一种探索经历，具有设计师的个性化的审美特征与价值追求，在本书中有所包含与反映，不再赘述。我国的城市公园改造工作任重而道远，莱芜红石公园改造只是一种尝试，有不少不成熟的地方，旨在抛砖引玉，希望各方专家批评指正。

　　最后，我想对在红石公园设计与施工中给予支持与帮助的各位表示衷心的感谢。特别感谢莱芜市园林局张明欣局长、张延兴副局长在公园实施过程中的大力支持，没有他们的这种敬业精神，很难有红石公园改造的成果；感谢亓增平、亓晓伟等先生在施工过程中的鼎力相助；感谢中国建筑工业出版社吴宇江先生在成书过程中给予的诸多帮助与充分宽容；最后还要感谢我的设计助手钱筠女士在设计及书稿整理过程中付出的辛勤劳动，没有不厌其烦的修改与完善就没有本书定稿后现在呈现的样子。这些对追求"止于至善"的我有着不可忽视的支持与鼓舞作用，再次感谢诸位的帮助！

王晓俊

2010年12月于东南大学建筑学院